Souveräner Umgang mit schwierigen Zeitgenossen

Andrea Lienhart, Theresia Volk

2. Auflage

HAUFE.

Inhalt

Vorwort

Im Privatleben können wir uns mit Menschen umgeben, die wir mögen, mit denen wir gerne zusammen sind. Im Berufsalltag haben wir dieses Privileg nicht. Dort müssen wir auch mit solchen Zeitgenossen zurechtkommen, mit denen wir »nicht so gut können«, deren Verhalten wir nicht verstehen, die uns Energie rauben oder die uns schlicht unsympathisch sind.

Ob cholerischer Chef, zickige Kollegin oder unzuverlässiger Mitarbeiter – wie Sie die Herausforderungen, mit schwierigen Zeitgenossen umzugehen, elegant und souverän meistern, zeigt Ihnen dieser TaschenGuide. Er räumt mit Vorurteilen auf und demonstriert, dass das Attribut »schwierig« keine Charakterfrage ist. Sie erfahren, an welchen Faktoren es liegt, dass wir Menschen als problematisch empfinden, und werfen mit uns einen Blick auf die Ursachen, warum es zu Konflikten kommen kann.

Sie lernen zahlreiche Techniken kennen, die Ihnen helfen, auf konstruktive Art und Weise Auseinandersetzungen zu vermeiden bzw. beizulegen, ohne nachzugeben oder das Gesicht zu verlieren. Viele Tipps und Übungen unterstützen Sie dabei, sich besser in die Welt anderer hineinzuversetzen und Verständnis für deren Perspektive zu entwickeln.

Wir wünschen Ihnen viel Spaß bei der Lektüre!

Andrea Lienhart und Theresia Volk

Verstehen: Warum sind andere schwierig?

Es gibt Menschen, mit denen wir einfach nicht »können«. Wir finden sie unsympathisch oder können ihr Verhalten nicht nachvollziehen.

In diesem Kapitel erfahren Sie u. a.,

- warum gute Beziehungen auch im Berufsleben unentbehrlich sind,
- warum der Satz »Der ist halt so!« falsch ist,
- wie Sie mit denjenigen umgehen, die das genaue Gegenteil von Ihnen sind,
- warum Menschen so sind, wie sie sind.

Beziehungen: warum sie wichtiger sind als Fakten

Im beruflichen Miteinander geht es in erster Linie um die Arbeit selbst, also um Fakten und Sachthemen, sollte man denken. »Lassen Sie uns doch sachlich bleiben!«, ist daher auch eine oft gehörte Formulierung, wenn ein Konflikt bereits Fahrt aufgenommen hat. Diese Aufforderung ist sicherlich gut gemeint. Derjenige, der sie äußert, übersieht aber etwas Entscheidendes:

Viel wichtiger als jede Sachfrage ist die zugrundeliegende Arbeitsbeziehung. Bevor es um berufliche Themen, Inhalte und Kompetenzdiskussionen geht, stellen sich zunächst die zentralen Fragen, die allesamt nicht die Sachebene, sondern allein die Beziehungsebene betreffen:

- Was habe ich von dem anderen zu erwarten?
- Wie wird er mich behandeln?
- Kann ich ihm vertrauen?
- Wird er mich respektieren?

Wer berufliche Erfolge für sich verbuchen möchte, sollte sich also darauf konzentrieren, zu Beginn die Beziehungsebene zu seinem Gegenüber gut zu gestalten. Dass das selbst bei bester Absicht gar nicht so einfach ist, zeigt das folgende Beispiel.

BEISPIEL

Der neue Chef will einen guten Draht zu seinen Leuten aufbauen. Daher macht er an seinem ersten Arbeitstag die Runde und begrüßt jeden Mitarbeiter persönlich mit Handschlag. Schon mit seinen ersten Worten macht er klar, dass er die Abteilung auf Vordermann bringen kann. Das sei auch der Grund, warum man ihn eingestellt habe, fügt er stolz hinzu, denn er bringe durch seine Erfahrung beim erfolgreichen Mitbewerber das entsprechende Know-how und viele Veränderungsideen mit. Er freue sich auf die Zusammenarbeit, schließt er seine kurze Vorstellung ab und eilt zum nächsten Kollegen. Das gemurmelte »Ich nicht!« des Zurückgebliebenen hört er nicht mehr.

Was ist passiert? In bester Absicht macht sich der neue Chef auf den Weg zu einer persönlichen Begrüßung jedes Einzelnen. So weit, so gut. Dann aber meint er, seine Kompetenz und sein Engagement betonen zu müssen und tritt dabei in sämtliche Fettnäpfe. Die Abteilung auf Vordermann bringen, das Know-how des erfolgreichen Konkurrenten, seine Veränderungsideen, seine eigene Kompetenz – all das sind fachliche Aussagen, die inhaltlich so zutreffend wie wichtig sind. Aber sie alle bedeuten auch ungewollt Folgendes für den, der sie zu hören bekommt: »Aha, wir sind also ein Sanierungsfall! Er weiß es besser und wir sind wohl alle Idioten, die es bisher nicht hinbekommen haben. Noch keinen Tag im Unternehmen, aber schon alles besser wissen. Nicht mit mir!«

Der erste Eindruck

Treffen wir auf einen uns bislang Unbekannten, versuchen wir so schnell wie möglich Antworten auf die folgenden zwei Fragen zu finden:

1. Kann ich ihr/ihm (menschlich) vertrauen?
2. Kann ich sie/ihn (fachlich) respektieren?

Und zwar in genau dieser Reihenfolge. Nicht umgekehrt. Die Beziehungsebene, also Vertrauen, Nähe, menschliche Wärme, Respekt usw., ist wichtiger als die zweite, die fachliche und die Kompetenzebene. Bevor ein Kind den ersten Turm aus Bauklötzen baut (also fachlich brilliert), ist es angewiesen auf die Wärme und das Vertrauen zu seiner Bezugsperson. Wenn es nicht zuerst genährt, ermutigt und geliebt würde, hätte es vermutlich keine Kraft für das Turmbauspiel. Die Beziehungsebene ist im Kindesalter die Grundlage für unser Tun. Und so funktionieren wir noch als Erwachsene, auch im Beruf, wo Fachliches ja unbestritten eine wichtige Rolle spielt.

FORTSETZUNG DES BEISPIELS

Der neue Chef aus dem Beispiel oben versucht Punkte in der Kategorie 2 gut zu machen und übersieht dabei völlig die Kategorie 1. Ja, noch schlimmer: Er spricht seinen neuen Mitarbeitern indirekt sein Misstrauen aus. Er signalisiert mit seinen Äußerungen: »Der Abteilungserfolg ist mir wichtiger als deine Arbeitszufriedenheit. Meiner eigenen Kompetenz traue ich mehr zu als deiner.« Vermutlich befindet er sich noch immer im Konkurrenzmodus der Bewerbung, wo es ja gilt, sich als der Beste zu zeigen. Wahrscheinlich ist er lediglich selber unsicher und will bei seinem Team einen guten Eindruck machen. Mit seinen fachlichen Einlassungen ruiniert er aber den Beginn eines guten Beziehungsaufbaus. Da hilft auch der Handschlag wenig.

In Fällen wie diesen ist ein Moduswechsel nötig: Dass der Chef kompetent ist, wird von seinen neuen Mitarbeitern schlicht vorausgesetzt. Was in solchen Situationen viel mehr interessiert und was alle versuchen so schnell wie möglich herauszufinden, ist: Wie geht er mit mir um? Kann ich ihm trauen? Wird er alles umstoßen, was uns lieb und wichtig ist? Wie sieht er mich? Braucht er mich?

Eine sehr wertvolle Technik, sich in neuen Situationen sowohl fachlich ein Bild zu machen als auch gleichzeitig auf der Beziehungsebene Vertrauen aufzubauen, sind ressourcenorientierte Fragen.

BEISPIEL

Die neue Chefin geht durch die Abteilung und stellt viele Fragen: »Was sollte ich unbedingt wissen über diese Abteilung?«, »Was macht Sie stolz, hier zu arbeiten?«, »Wo liegen die Stärken dieses Teams?« Sie fragt ihre neuen Mitarbeiter auch nach deren Einschätzung zu kritischen Punkten: »Welche wichtigen Veränderungen stehen Ihrer Meinung nach an?«, »Wo sehen Sie Probleme?«

Obwohl auch diese Fragen fachlicher Natur sind, ist der Subtext jedoch ein ganz anderer, einer, der den Vertrauensaufbau unterstützt: Die neue Chefin will die Einschätzung ihrer Mitarbeiter hören. Sie adressiert sie als Experten und inszeniert nicht in erster Linie sich selbst als Expertin.

Anfängerfehler

Zu Anfang einer Zusammenarbeit werden häufig folgende Fehler gemacht.

Beliebte Fehler beim Start

- Die Erwartungen der anderen, auch die ungesagten, nicht kennen(lernen) und auch gar nicht erfragen.
- Sich zuerst auf Aufgaben stürzen und keine Zeit für Gespräche finden – damit signalisieren Sie: »Ihr seid mir nicht so wichtig.«
- Die eigene Fachkompetenz herausstellen – das heißt im Umkehrschluss immer: »Ich bin besser als ihr.«
- Wichtige Personen nicht kennen(lernen) oder vernachlässigen und ihre Einschätzung nicht einholen.
- Sich zu früh zu kritischen Themen positionieren, um nicht als Zauderer zu gelten, obwohl man noch keinerlei Überblick hat.
- Zu viel reden und zu wenig fragen.

Nicht nur zu Beginn eines neuen Jobs wird die Regel »Beziehung geht vor Fachlichkeit« häufig missachtet. Auch in anderen Situationen wird sie übersehen. Oft hören wir eine Präsentation, eine Rede oder auch nur einen Redebeitrag von jemandem in einem Meeting und wir ärgern uns über das Gesagte und den Redner. Wir stellen dann seine inhaltlichen Äußerungen infrage und kritisieren einzelne fachliche Aspekte. Nicht selten kontert der derart Kritisierte dann mit einer umso längeren Gegenargumentation in demselben Stil und verstärkt damit nur noch unseren Unmut ihm gegenüber.

Was hier abläuft, ist in der Regel keine fachliche Diskussion, bei der Pro und Kontra ja ihren berechtigten Platz haben. In Wirklichkeit ist Folgendes passiert: Immer dann, wenn sich auf beiden Seiten Ärger, Unmut und Abneigung aufbauen, haben die Beteiligten vermutlich nichts in die Arbeitsbeziehung – also in ein gedeihliches Miteinander und einen anerkennenden Umgang – investiert. Sie wundern sich, warum ihnen der andere so arrogant, besserwisserisch und den eigenen Ausführungen so abgeneigt erscheint. Sie suchen den Grund und die Lösung dafür allein auf der fachlichen Ebene. Dort werden sie jedoch nicht fündig, denn ungeachtet aller Inhalte liegt der wunde Punkt auf der Beziehungsebene.

> Die Beziehungsebene ist grundlegender als die Sachebene. Der Erfolg jedes Projekts, jedes beruflichen Vorhabens hängt davon ab, dass die Beteiligten sich persönlich angemessen geachtet und anerkannt fühlen. Wo dies nicht der Fall ist, führt eine Diskussion über Sachfragen oft nicht zum Erfolg.

Die drei Säulen tragfähiger Arbeitsbeziehungen

Vor allem faktenorientierte Menschen haben, wenn es um die Beziehungsebene im Berufsalltag geht, einige Vorurteile. Sie sind der Meinung, im Job sollte man sich allein von sachlichen Aspekten leiten lassen. Daher lehnen sie alles das, was eine persönliche Beziehung aufbauen könnte, von vornherein als allzu große Vertraulichkeiten ab. Damit wir uns nicht missverstehen: Wer die Beziehungsebene zu anderen herstellen und sie pflegen möchte, ist nicht gezwungen, Privates zu erfragen oder preiszugeben, dauernd zusammenzustehen und zu tratschen. Auch das viel gerühmte Bier nach Feierabend ist kein Garant für eine tragfähige Arbeitsbeziehung.

Sie benötigt stattdessen die folgenden drei Säulen, um sich dauerhaft stabilisieren zu können:

1. **Anerkennung:** »Anerkennen« kommt von »erkennen« und hat nichts mit Lobhudelei zu tun. Menschen fragen sich in diesem Zusammenhang: Wird gesehen und grundsätzlich respektiert, was bzw. wie (viel) ich arbeite? Vor allem auch dort, wo ich kritisiert werde? Erkennt der andere, was und warum ich etwas tue?

2. **Verlässlichkeit:** Wir fragen uns im Umgang mit anderen Menschen: Erkenne ich beim anderen eine Linie? Traue ich ihm? Bleibt er sich in wesentlichen Fragen treu und damit auch mir gegenüber? Kann ich seinem bzw. ihrem Wort trauen oder muss ich mit verdeckten Motiven oder taktischen Fouls rechnen?

3. **Interesse:** Ist jemand tatsächlich an mir persönlich interessiert – an meiner Situation, meiner Entwicklung, meinen Motiven? Oder holt er nur aus taktischen und egoistischen Gründen meine Meinung ein?

Wenn diese drei Aspekte nicht beachtet werden, egal ob aus Ignoranz oder aus Unbeholfenheit wie im Beispiel des neuen Chefs, dann wird der Aufbau einer guten Arbeitsbeziehung verhindert oder zumindest erschwert – und so stehen sich urplötzlich »schwierige Zeitgenossen« gegenüber, mit denen man nicht (mehr) sachlich diskutieren kann.

Keine Frage des Charakters, sondern der Konstellation

Warum haben wir öfter mit unseren Chefs oder Arbeitskollegen Ärger als z. B. mit dem Briefträger? Nicht etwa, weil Briefträger grundsätzlich den besseren Charakter haben, sondern ganz einfach, weil zwischen ihnen und uns in der Regel keine Macht- oder Abhängigkeitskonstellation besteht.

BEISPIEL

Jörg Neumann ist zum Gruppenleiter aufgestiegen. Er hatte immer ein gutes Verhältnis zu seinen Kollegen und seine direkte und humorvolle Art kam prima an. Seit seiner Beförderung jedoch hat er den Eindruck, dass einige seiner Mitarbeiter nicht mehr lachen, wenn er einen Witz macht, sondern ihn nur noch skeptisch beobachten. »Aber ich bin doch derselbe Typ geblieben? Was haben die bloß?«, fragt er sich, findet aber keine Antwort darauf.

Jörg Neumann mag sich als Mensch bzw. in seinem Charakter zwar nicht verändert haben, aber er ist inzwischen in einer anderen Position. Und das ist auch der Grund dafür, dass ein Witz, der unter Gleichgestellten noch für Heiterkeit sorgte, jetzt anders aufgenommen wird und die anderen sogar irritieren kann: »Nimmt er mich aufs Korn? Hat er was gegen mich? Macht er nur mit mir seine Späße und mit anderen dagegen nicht?« Diese Fragen stellten sich die Kollegen früher nicht, denn da war die Ausgangslage einfacher: Man begegnete sich auf Augenhöhe. Nun ist Jörg in einer herausgehobenen Position und seine Worte werden dementsprechend anders interpretiert.

Das Beispiel zeigt einen Mechanismus, der vor allem im Arbeitsleben wirkt: Mitmenschen kommen uns insbesondere dann schwierig vor, wenn wir uns in einer asymmetrischen Beziehung zu ihnen befinden – wenn wir von ihnen abhängig sind oder sie von uns. Treten in einer solchen Situation Probleme und Spannungen auf, dann führen wir das oft in erster Linie auf die Persönlichkeit des anderen zurück und nicht auf diese Abhängigkeitskonstellationen.

»Fundamentaler Attributionsfehler« nennen die Psychologen das Phänomen, dass wir geneigt sind, unangenehme Verhaltensweisen viel lieber als Persönlichkeitsmerkmal des anderen zu betrachten, als sie mit den Umständen zu erklären. Es hat folgenden Nachteil, auf diese Art und Weise zu denken: Wir wissen, dass Persönlichkeitsmerkmale sehr schwer veränderbar sind, und so geben wir die Sache schnell verloren. Wir stecken den anderen in die berühmten Schubladen: »Der ist halt so. Da kann man nichts machen.« Änderten wir dieses Denken, wäre es einfacher. Wir könnten dann die Umstände und Konstellationen durchaus erkennen und sehr oft auch zum Guten hin beeinflussen.

Spannungsgeladene Konstellationen

In jedem Unternehmen gibt es notwendige strukturelle Spannungsfelder. Zwischen ihnen muss immer wieder ausgehandelt werden, welche Ziele im Moment wichtiger sind und wer im aktuellen Konkurrenzkampf um Ideen und Ressourcen gewinnt oder das Nachsehen hat. Mitarbeiter aus den unterschiedlichen Spannungsfeldern müssen diese Auseinandersetzungen mit ihren Schnittstellenpartnern führen. Dabei erleben sie nicht selten die beteiligten Personen aus dem anderen Feld als »schwierig«.

Spannungsfelder im Berufsalltag: Beispiele		
Zentrale	↔	Dezentrale Abteilungen
Projekt	↔	Linie
Abteilung	↔	Nachbarabteilung
Mitarbeiterinteresse	↔	Unternehmensinteresse
Design	↔	Funktion
Kosten	↔	Qualität
Innendienst	↔	Außendienst
Verwaltung	↔	Verkauf

Dass hier die unterschiedlichen Positionen miteinander ins Gehege geraten, ist aus der Konstellation heraus erklärbar und, so schwierig es manchmal sein mag, auch erforderlich. Schließlich lebt ein Unternehmen davon, dass in diesen Spannungsfeldern bestmögliche Kompromisse und Lösungen »erstritten« werden.

Rangfolgen, die beachtet werden müssen

Ein anderes heikles Terrain sind die ungeschriebenen Gesetze der Rangfolgen in Unternehmen. Immer dann, wenn diese verletzt oder ignoriert werden, ist großer Ärger vorprogrammiert, unabhängig davon, ob das bewusst oder aus Versehen geschieht.

Vorrang in puncto Beachtung, Respekt und Anerkennung steht einer Person ganz allgemein zu, wenn sie in den folgenden Bereichen mehr als andere auf die Waagschale legen kann.

Vorrang basierend auf ...	Zugehörige Bereiche
Seniorität	Umfangreiche fachliche Expertise
	Lange Betriebszugehörigkeit
	Hohes Lebensalter
Engagement und Produktivität	Übernahme von Verantwortung
	Engagement fürs Ganze
	Geschäftlicher Erfolg
offizieller Hierarchie	Leitungsebene
	Leitungsfunktion

Menschen erleben es als fair, wenn diese Rangfolgen beachtet werden. Eine Führungskraft, die die höchste Expertise im Team hat, zugleich am längsten in der Abteilung arbeitet und auch noch die Älteste an Jahren ist, hat meist wenig Probleme mit der Anerkennung ihrer Position. Aber eine solche Konstellation gibt es immer seltener. Kritisch wird es, wenn der alte Chef durch einen jungen Nachfolger abgelöst wird. Dieser hat lediglich den Vorrang der hierarchischen Position vorzuweisen, aber in allen anderen Bereichen – Erfahrung, Lebensalter, fachliche Expertise – sind ihm die »Silberrücken« des Teams voraus. Was nun?

BEISPIEL

Der neue Chef ist gerade mal 32 Jahre alt. Er kennt bisher weder die Abteilung noch das Produkt, das dort produziert wird. Er wird nur dann einen guten Job machen, wenn er den fachlichen und den Erfahrungsvorsprung seiner älteren Mitarbeiter anerkennt. Wie kann er das aber tun? Realisierbar ist das z. B. so: Er fragt sie um Rat, er sagt ihnen klipp und klar, dass er ohne sie verloren ist, und bindet sie mit ein. Und es fällt ihm dabei kein Zacken aus seiner Krone, die er qua Hierarchie aufhat.

Wir Menschen spüren genau, ob jemand nur Worthülsen von sich gibt und alleine sich selbst für den Besten hält, oder ob er auch bemerkt und miteinbezieht, was die anderen zum großen Ganzen beitragen. Wer nach dem ersten Prinzip verfährt und die Kollegen und Mitarbeiter damit brüskiert, wird oft Opfer einer bewährten »Rachestrategie«: Die alten Hasen behalten ihr Wissen für sich und lassen den Neuen ins offene Messer laufen.

Genauso wichtig ist aber auch, dass die »Seniors« anerkennen, dass nun der Junge ihr Chef ist. Auch dieser Vorrang muss respektiert werden.

Stress aus heiterem Himmel

Manchmal verändern sich Menschen. Für die anderen in ihrer Umgebung kommt dieser Wechsel dann häufig aus heiterem Himmel ohne erkennbaren Anlass. Im Berufsleben kann eine Veränderung vor allem die folgende Ursache haben: Wenn ein Zeitgenosse beginnt, dort Stress zu machen, wo er früher gänzlich ruhig blieb, dann ist meist eine Veränderung seiner Position im Gange, entweder bereits offiziell oder noch im Frühstadium in seinen inneren Überlegungen.

BEISPIEL

Kurz vor ihrem selbst gewählten Abschied aus der Abteilung fängt eine Kollegin immer öfter Streit an und beschwert sich lautstark über Nichtigkeiten. Früher war sie nie so. Im Gegenteil. Alle fanden ihren geplanten Weggang schade. Inzwischen aber kippt die Stimmung gegen sie. Was ist passiert?

Hinter dem scheinbar merkwürdigen Verhalten der Kollegin aus dem Beispiel steht durchaus ein nachvollziehbarer Grund: Sie inszeniert bei ihrem Abschied einen Konflikt. Damit macht sie sich das Abschiednehmen leichter, nach dem Motto: »Hier gefällt es mir ohnehin nicht mehr. Ich bin froh, dass ich wegkomme.« Damit blendet sie den schmerzlichen Teil des Jobwechsels aus. Und sie beseitigt für sich selbst die möglichen Zweifel, ob sie auch richtig entschieden hat. Meist handeln wir in solchen Situationen unbewusst nach diesem Schema.

Für die anderen Beteiligten ist es wichtig zu wissen, dass die Betroffenen in dieser Konstellation gar keinen Wert auf eine Lösung legen. Der Streit und der Frust helfen ihnen ja gerade, sich einfacher aus ihrer alten in eine neue Welt zu begeben. So gelingt es ihnen, das Neue rosafarben anzumalen und das Vergangene rabenschwarz einzufärben.

Wenn man nicht mehr dazugehört

Unser Zugehörigkeitsgefühl ist ganz entscheidend für uns. Jeder möchte in seinen Gruppen dazugehören, gebraucht werden, sich »zu Hause« fühlen, sicher sein. Die Möglichkeit, sich geborgen zu fühlen, ebenso wie der Mut, Kritik zu äußern, hängen in einem großen Maße damit zusammen, ob der Einzelne weiß, zu wem er gehört.

Seine Zugehörigkeit zu verändern, ist ein einschneidender Vorgang. Egal ob die Änderung selbst gewählt ist (wie in dem Beispiel oben) oder gezwungenermaßen ansteht (bei einer Versetzung, einer Kündigung seitens des Arbeitgebers) oder allein als Option in Erwägung gezogen wird (neues Angebot; Überlegungen, den Job zu wechseln) – solche Umbrüche lösen Krisen aus, die von den Menschen unterschiedlich bewältigt werden. Und so wird entweder romantisiert oder verteufelt. Denn das »Sowohl – als auch« und noch schlimmer das »Weder – noch« in diesen Zwischenzeiten halten wir nur schwer aus. Umso fataler die Reaktionen unserer Mitmenschen, wenn deren Zugehörigkeit infrage gestellt wird: Nicht informiert über eine wichtige Besprechung? Nicht eingeladen zum Kollegen-Stammtisch? Keine Verlängerung des Werkvertrages? Das sind jeweils tief verunsichernde Faktoren, auf die Menschen gekränkt, aggressiv, verstört, hilflos oder hektisch reagieren. Man fühlt sich, als habe man seinen Haustürschlüssel verloren und die, die drinnen sind, machen trotz verzweifelten Klingelns und Pochens nicht auf.

Widerstand – warum andere nicht tun, was wir wollen

Warum tut jemand nicht von sich aus, was wir wollen und für selbstverständlich halten? Warum macht der andere nicht das, was abgesprochen wurde?

BEISPIEL

»Sie muss doch sehen, dass wir hier in Arbeit ertrinken! Warum packt sie nicht mit an, sondern drückt sich mit windigen Ausreden darum herum?« So hört man Kollegen schimpfen über eine, von der man Mithilfe in einer Stresssituation erwartet, die sich aber geflissentlich jeder Mehrarbeit verweigert.

Widerstand ist die Kehrseite der Motivation. Und so wenig, wie es einen Knopf gibt, den man nur drücken muss, um einen anderen Menschen zu etwas zu motivieren, so wenig gibt es einen, der den Widerstand des anderen abstellt. Es ist die prinzipielle Ohnmacht von uns allen, dass der andere selbst entscheidet, wozu er Lust hat und wozu nicht. Kein Argument, keine freundliche Bitte, keine noch so clevere Manipulation können unmittelbar eine Verhaltensänderung beim anderen erzeugen. Motivation und Widerstand entziehen sich der direkten kausalen Steuerung anderer. Der Grund dafür liegt im großen Bedürfnis des Menschen, die eigenen Grenzen zu wahren.

Was wir tun können, um andere von etwas zu überzeugen oder sie zu motivieren, ist jeweils nur indirekt wirksam: Wir können bestimmte Rahmenbedingungen verbessern, angemessen kommunizieren oder Hindernisse aus dem Weg räumen. Vor allem sollten wir alles unterlassen, was demotiviert und kränkt. Dann ist schon viel gewonnen. Niemals aber können wir eine Person direkt in unserem Sinne steuern. Diese Tatsache kann uns auch entlasten von diesem Anspruch und manch unrealistischer Anforderung – die wir oft auch an uns selbst stellen –, sich z. B. noch mehr ins Zeug zu legen und die noch optimalere Motivationsmethode zu erlernen. Es bleibt dabei: Wir Menschen sind freie Wesen, keine Maschinen.

Symptome des Widerstands

Es gibt viele unterschiedliche Anzeichen für Widerstand. Hier ein paar Beispiele:

- Sitzungen werden lustlos abgehalten,
- Entscheidungen werden immer wieder vertagt,
- es wird geblödelt, man schweift ab, verzettelt sich in Nebenthemen,
- ansonsten engagierte Kollegen halten sich auffallend zurück, es entstehen peinliche Schweigepausen,
- auf konkrete Fragen gibt es nur vage Antworten.

Widerstand wird direkt oder indirekt ausgelebt. In der folgenden Übersicht sind einige Faktoren aufgeführt, an denen Sie Widerstand festmachen können.

Wie sich Widerstand äußert		
	verbal	**nonverbal**
aktiv	Widerspruch: ▪ Gegenargumente ▪ Vorwürfe ▪ Protest ▪ Polemik ▪ Drohungen	Aufregung: ▪ Streit ▪ Unruhe ▪ Intrigen ▪ Gerüchte ▪ Grüppchenbildung
passiv	Ausweichen: ▪ Schweigen ▪ Bagatellisieren ▪ Herumalbern ▪ Nebenthemen Diskutieren ▪ Lächerlich machen	Lustlosigkeit: ▪ Müdigkeit ▪ Fernbleiben ▪ Krankheit ▪ Unaufmerksamkeit ▪ Aufschieben ▪ Innere Kündigung

Immer wenn Sie mit einem dieser Phänomene konfrontiert sind, dann befindet sich ein Einzelner oder sogar eine ganze Gruppe im Widerstand. Den Betroffenen fehlt es dann nicht etwa nur an Motivation, sondern sie hegen auch Abneigung gegen das geplante Vorhaben.

Kleine oder große Veränderungsprojekte in den Firmen und Organisationen sind häufig begleitet von einer ganzen Armada an Widerständen. Obwohl alles gut begründet und plausibel kommuniziert wurde, macht sich in der Belegschaft Abwehr oder Trägheit breit.

> Zeiten der Veränderung sind Zeiten des Widerstands. Jede Veränderung – auch eine an sich erwünschte Verbesserung – erfordert eine zusätzliche Energieleistung neben der Alltagsarbeit, die ja weitergeht. Diese Kraftanstrengung erzeugt oft Widerstand.

Ursachen des Widerstands

Oft wissen wir nicht genau, warum sich jemand im Widerstand befindet. Manchmal verstehen wir seine Beweggründe dafür erst im Nachhinein. Um dem Widerstand der anderen aber angemessen zu begegnen, ist es wichtig herauszufinden, welches der Grund für das Zögern oder die offene Gegenwehr ist. Oft ist das den »Widerständlern« selber nicht ganz klar.

BEISPIEL

Eine Führungskraft klagt: »Nun habe ich die Veränderungsschritte doch haarklein mit meinem Team besprochen – alle waren sie einverstanden. Und jetzt, wo wir loslegen wollen, kommen von allen Seiten Zweifel und Gemäkel. Dies und jenes passt nicht, keine Zeit, zu viel Aufwand etc. Kann ich mich denn überhaupt nicht auf unsere gemeinsam getragene Entscheidung verlassen? Was habe ich falsch gemacht?«

Ursache Nr. 1: Psychologische Verdauungsarbeit

Veränderungen sind, so sinnvoll sie uns rational gesehen erscheinen mögen, dennoch immer auch anstrengende und emotional sensible Wendepunkte: Wir müssen Altes und Vertrautes loslassen. Wir bemerken plötzlich die Mehrarbeit, die der Veränderungsprozess mit sich bringt. Wir werden unsicher, ob wir uns wirklich richtig entschieden haben.

BEISPIEL

Einerseits wollen wir tatsächlich den Umzug in die neuen größeren und helleren Räume, andererseits gibt es keine Garantie, dass wir dort glücklich werden – und der ganze Umzug ist anstrengend und nervenaufreibend.

Kognitive Dissonanz nennen Psychologen den Zustand, in dem zwei widerstreitende »Erkenntnisse« zu einem individuellen Spannungszustand führen, dem man gerne entfliehen möchte. Um diese aufkommende Spannung zu verringern, beginnt man unwillkürlich – und teilweise unbewusst – das geplante Veränderungsprojekt zu sabotieren.

Diese Art von Widerstand ist für sich genommen nichts Negatives und mitnichten ein Grund, den Plan zu stoppen bzw. aufzugeben. Im Gegenteil: Dank ihm zeigt sich, dass sich tatsächlich etwas verändert. Umgekehrt ausgedrückt: Wo sich keinerlei Widerstand regt, da kann die Veränderung nicht besonders groß sein. Der Führungskraft aus dem eingangs erwähnten Beispiel kann man nur zuraten, fest bei dem entschiedenen Vorhaben zu bleiben und es umzusetzen, trotz aller Kritik. Denn solche Äußerungen sind eher erfreuliche – wenn auch zuerst irritierende – Zeichen, dass wirklich etwas passieren wird. Verständnis, Ermutigung, gutes Zureden und die Erinnerung an den ursprünglich gemeinschaftlich gefassten Entschluss sind wichtige Maßnahmen bei dieser Ursache des Widerstandes. Lassen Sie sich dadurch auf keinen Fall von dem Vorhaben abbringen.

Ursache Nr. 2: Es läuft wirklich etwas schief

Widerspruch kann aber auch eine andere Ursache haben. Widerstand kann ein Indikator dafür sein, dass etwas schiefgeht, wenn das Veränderungsvorhaben so wie geplant umgesetzt wird. Dann muss von den Verantwortlichen geprüft werden, was übersehen wurde, wo ein Fehler vorliegt. Auch wenn Widerstand natürlich unbequem ist und Zeit kostet, sollten diejenigen, die ihn äußern, ernst genommen werden mit ihren Einwänden.

Es liegt auf der Hand, dass sich die beiden Ursachenebenen nicht immer leicht auseinanderhalten lassen. Auch die Klagen, die aus der psychologischen Verdauungsarbeit (Ursache Nr. 1) resultieren, weisen ja oft auf diesen oder jenen vermeintlichen »Fehler« hin. Hier klug zu unterscheiden, ist sehr wichtig, um die richtigen Schlüsse zu ziehen. Einmal muss ich den »widerständigen Zeitgenossen« mit seinen Klagen aushalten, darf mich aber nicht vom Weg abbringen lassen; das andere Mal muss ich sehr wohl Korrekturen vornehmen, auf die mich der protestierende Mitarbeiter oder die Kollegin aufmerksam gemacht hat. Definitive Unterscheidungsmerkmale gibt es leider nicht. Wichtig ist daher, dass Sie beide Möglichkeiten in Betracht ziehen und daraufhin entsprechend prüfen. Sobald Sie einen der beiden Aspekte aus dem Blick verlieren, sind Sie in Gefahr, entweder alles noch einmal neu erfinden zu müssen, oder Sie ignorieren zu Unrecht sämtliche Kritikäußerungen, weil Sie glauben, alle seien substanzlos. Beides ist fatal.

Ursache Nr. 3: In Wirklichkeit geht es um etwas ganz anderes

Ursache für den Widerstand kann auch ein tiefer liegender Konflikt innerhalb der Organisation oder im Team sein, der mit dem konkreten Projekt oder Vorhaben, gegen das opponiert wird, eigentlich nichts zu tun hat.

BEISPIEL

Die Aufgaben im Team werden sich verändern und sollen neu sortiert werden. Noch bevor die ersten Vorschläge dazu entwickelt werden, kommt massive Gegenwehr vom Kollegen Meier. »Mit mir nicht!«, verkündet er mit hochrotem Kopf und verlässt das Teammeeting. Die anderen sehen sich verständnislos an: »Was soll das denn? Warum regt er sich denn so auf? Wir haben doch noch gar nichts Konkretes beschlossen!«

Im Beispiel kann der Grund des Widerstands nicht im Veränderungsplan liegen, denn dieser ist noch gar nicht beschlossen. Schon allein die Aussicht auf veränderte Arbeitskonstellationen lässt bei Herrn Meier die Sicherungen durchbrennen. Grund dafür kann ein Konflikt mit einem anderen Teammitglied sein, der aber bislang sorgsam verborgen blieb, weil man sich bei der Arbeit aus dem Weg gehen konnte. Vielleicht schürt die Aussicht auf eine neue Sitzkonstellation und andere Zuständigkeiten in Herrn Meier die Befürchtung, dass dieser »Waffenstillstand« nicht mehr länger haltbar sein wird. Hier hat es nun keinen Sinn, am Vorhaben »neue Aufgabenstruktur« zu tüfteln. Um die Situation zu entschärfen und sie zu verbessern, muss der Kernkonflikt angegangen werden. Dies sollte und kann auch nicht im Rahmen der Strukturveränderung geschehen, sondern braucht eine eigene Plattform.

Aber nicht immer sind diese Kontextursachen der Grund, warum uns jemand Schwierigkeiten bereitet. So manche Kollision ist tatsächlich nur individuell zu erklären. Sie hängt mit den Typen zusammen, die da aufeinanderprallen.

Das genaue Gegenteil von Ihnen – Ihr Anti-Typ

Für viele von uns ist das ein bekanntes Alltagsphänomen: Jemand nervt uns, und es ist offensichtlich, warum das so ist: Sie stellen fest, dass Ihr Gegenüber in recht vielen Facetten das glatte Gegenteil von Ihnen ist. So trifft die Introvertierte auf den humorigen Partylöwen und die strenge Analytikerin auf den kühnen Visionär. Aber was passiert eigentlich genau in solchen Konstellationen? Und was stimmt denn nun: »Gleich und Gleich gesellt sich gern«, oder: »Unterschiede ziehen sich an«? Denn nicht wenige verlieben sich ja bekanntlich sogar in ihr Gegenmodell.

Sie und Ihr Gegenmodell

Antwort auf diese Fragen gibt uns das Riemann-Thomann-Modell, das in den 1960er Jahren vom Psychotherapeuten Fritz Riemann begründet und später vom Psychologen Christoph Thomann weiterentwickelt wurde. Es geht von vier verschiedenen Grundbedürfnissen aus, die jeder von sich kennt, aber eben in unterschiedlicher Ausprägung:

1. Nähe,
2. Distanz,
3. Dauer und
4. Wechsel.

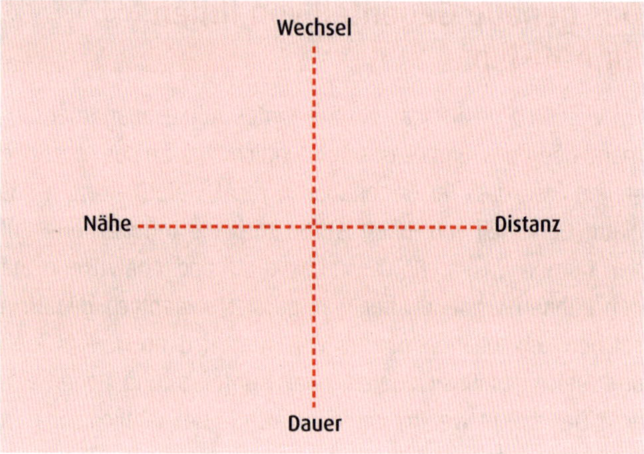

Riemann-Thomann-Modell

Stellen wir uns nun eine typische Anti-Typen-Konstellation vor: In einer Beziehung wünscht sich der Nähe-Typ mehr gemeinsame Zeit, der Distanz-Typ mehr Freiraum für sich. Je mehr der eine auf seinem Bedürfnis beharrt, desto stärker wird das des anderen: Der Nähebedürftige fängt an zu klammern und sein Partner weicht noch mehr aus.

Extremform	Bedürfnis					Extremform
Klammern	←←	Nähe	↔	Distanz	→→	Abstoßung
Starre	←←	Dauer	↔	Wechsel	→→	Hyperturbo

Es gibt noch viele solcher »Geschwisterkonstellationen«, die natürlich auch im Berufsalltag eine Rolle spielen können.

Beispiele für Gegensätze im Berufsleben		
Sparsamkeit	↔	Großzügigkeit
Emotionalität	↔	Rationalität
Detailgenauigkeit	↔	Blick für das große Ganze
Standfestigkeit	↔	Flexibilität
Diplomatie	↔	Direktheit

Prüfen Sie, auf welcher Seite Sie sich in der Regel bevorzugt aufhalten, wohin Sie automatisch tendieren. So identifizieren Sie Ihre »Homebase«, von der aus Sie am meisten operieren. Dann wissen Sie auch, welche Gegenmodelle Ihnen bisweilen Mühe machen. Dabei geht es nicht darum, dass Sie oder die anderen je in der exakten Mitte dieser jeweiligen Pole stehen sollten. Das wäre illusorisch und obendrein langweilig. Die Herausforderung besteht darin, dass Sie sich von Ihrem Gegen(!) über nicht noch weiter als ohnehin schon in Ihre favorisierte Ecke treiben lassen.

Für sich und Ihren Anti-Typen hilfreich agieren Sie in folgender Art und Weise: Schneiden Sie sich eine Scheibe ab vom bevorzugten Stil Ihres Anti-Typen. Keine Sorge: Sie werden nie werden wie er bzw. sie. Statt sich immer wieder über dieselbe Type zu ärgern, ist es auf Dauer befriedigender, wenn Sie Ihr Repertoire in diese gegenüberliegende Richtung erweitern, statt sich in Ihre bevorzugte Zone zurückzuziehen und diesen ohnehin prägenden Zug von sich noch zu verstärken.

Zusammenarbeit – jeweils ganz anders

Basierend auf diesen Grundannahmen zeigt sich im beruflichen Miteinander, dass unterschiedliche Menschen jeweils auf unterschiedliche Arten lernen und zusammenarbeiten. Insbesondere für die Einarbeitungsphasen und generell für die Führung gibt es drei Grundtypen, bei denen bestimmte Dos und Don'ts zu beachten sind.

Typ	Diese Menschen schätzen ...	Sie mögen es nicht, wenn ...
Nachahmung	Kontakt, Nähe, Rollenmodelle, Lob, Gespräche, Wärme, gemeinsames Ideenentwickeln über mögliche Lösungswege, Erfahrungsaustausch	die Chefin kühl und distanziert ist und selten vorbeischaut; wenn wenig freundliche Worte gewechselt werden und jeder nur sein eigenes Ding macht.
Ausprobieren	Impulse, klare Aufgabenstellung; dann aber will er/sie Freiraum, um selber zu auszuprobieren und in Ruhe selbstständig Lösungswege zu entwickeln	sie zu viel kontrolliert werden, wenn ihnen die Kollegen oder der Chef dauernd auf der Pelle sitzen und sie von der Arbeit abhalten.

Typ	Diese Menschen schätzen ...	Sie mögen es nicht, wenn ...
Konflikt	Reibung, starke Sparringspartner, Auseinandersetzung; kritisiert Bestehendes auf der Suche nach besseren Lösungswegen	der Chef konfliktscheu ist und Auseinandersetzungen vermeidet, wenn andere Angst haben und/oder harmonisieren.

Meine Schwächen – deine Schwächen

Nicht nur unsere Stärken und unser spezifischer Typus charakterisieren uns. Auch das, was andere oder auch wir selbst an uns auszusetzen haben, das, was wir als Schwächen erfahren, zeichnet uns aus und beschäftigt uns.

Übung: Die Schwächenreflexion

Nehmen Sie Papier und Bleistift zur Hand und notieren Sie all diejenigen Eigenschaften, die Sie bei sich selbst für eine Schwäche halten.

BEISPIEL

Herr Meier notiert: unsicher – konfliktscheu – durchsetzungsschwach – chaotisch.

Und nun stellen Sie eine weitere Liste zusammen mit den Schwächen eines Zeitgenossen, der Ihr Nervenkostüm besonders strapaziert.

BEISPIEL

Herr Meier findet für seinen Chef, mit dem er immer wieder aneinandergerät, die folgenden Attribute: arrogant – dominant – unsensibel – streitsüchtig.

Statt sich nun zu grämen über die eigenen Schwächen und die der Mitmenschen, ist es sinnvoll zu fragen: Woher kommt eine Schwäche? Grundsätzlich könnte man definieren, dass eine Schwäche eine Kompetenz ist, die an der falschen Stelle oder zu übertrieben angewendet wird. So ist die Dominanz des Chefs von Herrn Meier sicherlich von Vorteil, wenn er in Verhandlungen zum Budget für die Abteilung seine Position durchsetzen kann. Im Umgang mit einem unsicheren Mitarbeiter kann sie dagegen fehl am Platz sein. Zudem gilt: Jede Schwäche hat ursprünglich einmal eine Schutzfunktion ausgefüllt. Wir entwickeln solche Verhaltensmuster oft bereits in der Kindheit, weil wir sie dort als hilfreich zur Lösung schwieriger Situationen empfanden. Der eine hat als Kind erlebt, dass er um eine unangenehme Aufgabe herumkommt, wenn er sich nur lautstark genug wehrt – dem anderen erging es gerade andersherum: Je stiller er war, desto weniger geriet er in Schwierigkeiten. Als Erwachsene setzen wir diese Muster immer noch ein, obwohl wir nicht mehr so schutzbedürftig sind und sie eigentlich nicht mehr bräuchten.

Hinter jeder Schwäche steckt

- eine verborgene Kompetenz und
- eine Schutzfunktion.

Die Kompetenz hinter der Schwäche

Nun ist nicht jede Schwäche automatisch zugleich eine Stärke. Die Schwäche bleibt eine Schwäche. Aber *neben* der Schwäche existiert auch eine Kompetenz, die man nutzen kann. Nur dann, wenn sie zu häufig oder im falschen Moment angewendet wird, wird sie ausschließlich zur Schwäche.

Um dies zu verdeutlichen, führen wir das Beispiel von Herrn Meier fort: Was könnte die verborgene (Komplementär-) Kompetenz von »dominant« sein? Positiv ins Feld führen könnte man hier Folgendes:

- das Gespür für Machtkonstellationen (das ist eine Sozialkompetenz!) oder
- Durchsetzungsstärke oder
- einen klaren Sinn für die eigenen Ziele oder
- ein hohes Engagement in Bezug auf anstehende Aufgaben.

Die Schutzfunktion

Jede Schwäche hat auch einen speziellen Schutzeffekt: Sie bewahrt uns vor etwas Bestimmtem. Manchmal ist der Schutz nur gefühlt, oft existiert er aber auch ganz real:

- Arroganz schützt vor Nähe,
- Unzuverlässigkeit und Ungeschicklichkeit schützen vor zu viel Arbeit (schon Kinder wissen: wenn sie sich nur ungeschickt genug anstellen, dann geht die Hausarbeit womöglich an ihnen vorüber),

- Chaos schützt vor Bürokratie,
- Zurückhaltung und Untätigkeit bewahren einen vor Fehlern,
- Durchsetzungsschwäche schützt vor Gegenwind durch andere,
- Streitsucht kann Benachteiligung vermeiden etc.

Meist ist uns nicht bewusst, dass und warum wir uns schützen oder immer noch meinen, uns schützen zu müssen. Und oft bringt uns dieser ursprünglich gut funktionierende Schutzmechanismus noch mehr in die Bredouille. Auch eine Kompetenz, die zu sehr strapaziert wird und als Allzweckwaffe überall und immer eingesetzt wird, führt uns in Schwierigkeiten.

> Das Wissen darum, dass in jeder Schwäche auch eine verborgene Kompetenz und Schutzfunktion steckt, gibt Ihnen wertvolle Hinweise darauf, wie Sie mit Ihren und den Schwächen Ihrer Zeitgenossen, Kollegen, Chefs und Mitarbeiter umgehen können.

Wenn wir aufhören, die Schwächen des anderen zu bekämpfen und zu beklagen, und stattdessen den Blick auf seine dahinterliegenden Stärken bzw. sein Bedürfnis nach Schutz lenken, dann können wir nicht nur viele Zusammenstöße vermeiden. Wir können darüber hinaus konkrete Ansatzpunkte finden, wie wir mit dem anderen zurechtkommen. Denn dass sich jemand versucht zu schützen – wenn auch auf Umwegen – ist grundsätzlich legitim. Und dass jede Kompetenz auch ihre Negativseite entfaltet, ist eben auch häufig der Fall. So können wir souveräner mit Schwächen umgehen, statt uns über sie zu ärgern.

> Wo immer Ihr Anti-Typ in Ihnen heftige Emotionen auslöst und Sie blockiert, hat das direkt etwas mit Ihnen zu tun.

Ent-Täuschungen: das Ende einer Täuschung

Die grundlegende Form der Täuschung, der wir Menschen nur allzu gerne auf den Leim gehen, ist der Umstand, dass wir von uns auf andere schließen.

Immer dort, wo ein anderer unserer Vorstellung nicht entspricht – und das ist oft der Fall –, wartet über kurz oder lang eine Enttäuschung auf uns. Und diese verursacht in uns Unbehagen, Ärger und Unverständnis. Lange versuchen Menschen, diese Situation der Ent-Täuschung zu vermeiden. Der Preis dafür sind sporadische, selbst gewählte Blindheit um des lieben Friedens willen oder gar ganze Lebenslügen. Solche basieren auf einem labilen Gleichgewicht, das recht einfach konstruiert ist: Man will einfach nicht sehen oder wahrhaben, dass unser Gegenüber anders ist als angenommen und erhofft. Eine andere Strategie besteht im nimmermüden Versuch, den anderen umzuerziehen, um die eigene Enttäuschung zu vermeiden. Doch keine Variante, weder Blindheit noch Umerziehungsversuche, führt in der Regel zum Erfolg. Im Gegenteil: Beide Strategien leiten uns auf direktem Weg in Schwierigkeiten. Dennoch wollen wir die Täuschung, der wir erliegen, einfach nicht wahrhaben.

Warum wir tun, was wir tun

Besonders häufig vertun wir uns in der Einschätzung der Motivationslage anderer. Wir gehen selbstverständlich davon aus, dass andere die Dinge, die sie tun, aus demselben Antrieb heraus machen wie wir. Daraus ziehen wir dann falsche Rückschlüsse.

BEISPIEL

Die Chefin versucht ihren besten Mitarbeiter zu überzeugen, eine Projektleitung zu übernehmen: »Ich verstehe nicht, wieso du dich hier nicht engagierst. Das ist doch *die* Gelegenheit zu zeigen, was du kannst.« Aber der Angesprochene ist nicht etwa erfreut, sondern im Gegenteil sogar enttäuscht: »Du weißt doch, dass wir gerade unser zweites Kind erwarten – wie kannst du das jetzt von mir verlangen?« »Ich verlange doch gar nichts! Andere lecken sich die Finger nach so einer Chance. Ich habe mich extra für dich stark gemacht. Das spar ich mir aber demnächst ...«, erwidert sie, nun schon recht resigniert.

Im Beispielsfall liegt das Missverständnis auf der Hand: Für die Chefin ist das Angebot sehr reizvoll. Sie fasst es gar nicht, dass ihr Mitarbeiter zögert, statt sich überschwänglich zu freuen. Dieser hingegen begreift seinerseits nicht, wieso er überhaupt vor so eine Frage gestellt wird, wo doch für ihn klar ist, dass ihn jetzt etwas ganz anderes bewegt.

Die drei Grundmotivationen

Es ist wissenschaftlich gut erforscht, dass genau drei Grundmotivationen das menschliche Handeln bestimmen, und zwar weltweit. Jeder Mensch wird in unterschiedlichem Ausmaß durch diese Motivationen gesteuert, was uns oftmals gar nicht bewusst ist. Deswegen gehen wir naiv davon aus, dass auch alle anderen ein und denselben Antrieb – nämlich unseren eigenen – ebenfalls in sich spüren.

Die drei Motivationslagen sind:

1. **Leistung:** Bei Menschen, die nach dieser Motivation handeln, sind Ziele das, worauf es ankommt. Je größer das erreichte Ziel ist, desto größer ist der Stolz auf die eigene Leistung. Eigeninitiative, Selbststeuerung, Fachwissen und Erfolg sind hier ausschlaggebende Faktoren, in welchen Themengebieten auch immer. Herausfordernde Aufgaben, die zu lösen sind, haben eine ganz eigene Attraktivität und setzen bei diesen Menschen einen Motor in Gang, der erst wieder stoppt, wenn die Antwort gefunden, das Ziel erreicht ist.
2. **Bindung:** Hier ist der enge, herzliche Kontakt zu anderen das, worauf es den jeweiligen Personen im Innersten ankommt. Intuitiv erkennen sie bei allen Tätigkeiten und Situationen, in denen sie sich befinden, wie sich ihr Verhalten auf die Beziehung zu ihren wichtigen Bezugspersonen auswirkt. Auch die Zugehörigkeit zu einem kollegialen Umfeld, Verlässlichkeit und Loyalität sind für Menschen mit dieser Motivationslage hohe Werte.
3. **Macht:** Für andere ist der Wunsch, auf Menschen Einfluss zu nehmen, der zentrale Beweggrund ihres Handelns. Impulse zu setzen, die von anderen aufgenommen werden, ist diesen Personen wichtig. Diese Machtmotivation ist nicht auf politi-

sche oder unternehmerische Top-Positionen beschränkt. Auch bei Menschen in beratenden, therapeutischen oder künstlerischen Berufen lässt sich der Motivationsfaktor Macht finden. Das Interesse an anderen, sie zu entwickeln, zu führen und zu fördern, gehört zu dieser dritten Grundmotivation.

FORTSETZUNG DES BEISPIELS

Im Beispiel oben geht die Chefin unbewusst davon aus, dass ihre eigene Grundmotivation – Leistung – auch die ihres Mitarbeiters ist. Und jener versteht nicht, dass seine Grundmotivation – Bindung – nicht automatisch handlungsleitend für seine Vorgesetzte ist.

Wo immer wir große Schwierigkeiten haben nachzuvollziehen, warum jemand etwas Bestimmtes tut oder nicht tut – das berühmte »Wie kannst du nur ...!« –, liegt das möglicherweise daran, dass unsere Grundmotivation eine andere ist.

> Unsere Grundmotivation steuert auf einer sehr tiefen Ebene unsere Handlungen und Entscheidungen. Es ist hilfreich, seine eigene Grundmotivation zu kennen – und damit zu rechnen, dass andere nicht unbedingt die gleiche haben.

Unverarbeitete Enttäuschungen

Enttäuschung bedeutet wörtlich genommen, dass eine Täuschung ein Ende findet. Nun ist das Ende einer Täuschung ja eigentlich eine gute Sache: Die eigene Blindheit fällt dann weg und sinnlose Veränderungsversuche kann man sich fortan sparen. Die neue Situation ist zwar anders – oft unerfreulicher – als erwartet, aber sie ist wenigstens klar, man kann sich von da an mit ihr auseinandersetzen und sich neu darauf einstellen.

Jedoch verarbeiten nicht alle eine Enttäuschung auf diese Weise. Viele tragen sie lange mit sich herum und kommen einfach nicht darüber hinweg.

BEISPIEL

Tom Neumann ist einerseits ein geachteter Kollege. Dennoch wollen viele nicht allzu eng mit ihm zusammenarbeiten. Denn er tischt früher oder später die immer gleiche alte Klage auf: Das Unternehmen habe ihm vor Jahren eine bestimmte Stelle versprochen, dann jedoch habe ein anderer den Job bekommen. Und nun stehe er nicht mehr zur Verfügung, da könne man ihm anbieten, was man wolle. Er ließe sich nicht noch einmal betrügen. Gleichzeitig betont er immer wieder, dass er ja unter seinem fachlichen Niveau arbeite. Für alle Beteiligten ist die Situation schwierig: Keiner gebietet Herrn Neumann Einhalt. Keiner sagt deutlich, dass er nervt, weil man die vergangene Kränkung nicht verstärken möchte. Der Chef vermeidet es, mit ihm seine zukünftige Entwicklung zu besprechen, weil er nicht wieder mit der alten Geschichte konfrontiert werden will und latent ein schlechtes Gewissen deswegen hat. Herr Neumann selber wartet immer noch auf eine neue Anfrage, um sie dann abzulehnen – so ist zumindest seine Phantasie. Was er wirklich will, ist ihm aber vermutlich nicht klar.

Für vergleichbare Fälle gilt die folgende kluge Regel: Trennen Sie klar zwischen Vergangenheit, Gegenwart und Zukunft, und finden Sie für jeden dieser Bereiche eine eigene Vorgehensweise.

> Für das Gestern: Verständnis entwickeln und zeigen.
>
> Für das Heute: veränderte Situation benennen und begründen.
>
> Für das Morgen: Pläne, Perspektiven, Erwartungen und Ziele klären.

Für die Vergangenheit sollten wir Verständnis und Mitgefühl aufbringen, möglicherweise bedarf es auch einer klaren Entschuldigung, wenn wir mitverantwortlich waren. Aber wir müssen uns nicht auf ewig schuldig fühlen – und schon gar, wenn das Vergangene nichts mit uns zu tun hatte. Deswegen – und nun kommen wir zur Gegenwart – muss und darf man im Hier und Jetzt Grenzen setzen und sich wehren gegen die alte Leier. Hier gilt es deutlich zu sagen, was *heute* Sache ist und wie sich die Situation darstellt. Auch für die Zukunft ist Klarheit das Gebot der Stunde: Was ist möglich, was nicht, was wird erwartet, welche Vereinbarung kann getroffen werden?

Auf einen Blick: Warum sind andere schwierig?

- Nicht nur im Privaten, sondern auch im Berufsalltag ist die Beziehungsebene wichtiger als die Sachebene. Nur wer sich anerkannt und wertgeschätzt fühlt und dem anderen vertraut, öffnet sich für dessen Argumente.
- Menschen sind nicht per se schwierige Charaktere. Es sind vielmehr bestimmte Situationen und Konstellationen, die sie aus unserer Sicht problematisch agieren lassen.
- Wenn sich andere querstellen, hat das nichts mit ihrer Persönlichkeit zu tun. Ihr Widerstand kann sehr gute Gründe haben. Sie zu erkunden, kann Fehler verhindern.
- Es gibt Menschen, die in ihren Grundbedürfnissen das genaue Gegenteil von Ihnen sind. Hier prallen Welten aufeinander – was aber keinen großen Knall zur Folge hat, wenn Sie sich den fremden Blickwinkel zunutze machen.
- Ganz selbstverständlich gehen wir davon aus, dass andere Dinge aus demselben Antrieb heraus tun wie wir. Das ist ein Trugschluss: Menschen haben unterschiedliche Motivationslagen.

Erkennen: Wann wird es schwierig?

Manchmal geht es blitzschnell. Ehe wir uns versehen, sind wir in einen Konflikt mit anderen verstrickt, der nicht oder nur schwer lösbar erscheint. Wir fragen uns dann, wie es überhaupt so weit kommen konnte.

In diesem Kapitel erfahren Sie u. a.,

- wie Sie schwierige Situationen mit anderen frühzeitig erkennen,
- woran es liegt, dass ein Konflikt eskaliert,
- warum ein Blick unter die Oberfläche einer Auseinandersetzung lohnt.

Die unterschiedlichen Konfliktarten

Mit schwierigen Zeitgenossen kommt es oft zum Konflikt. Man könnte es auch anders formulieren: Im Konfliktfall erscheinen uns auch ehemals angenehme Mitmenschen plötzlich als schwierig.

BEISPIEL

Seit längerem versuchen Sie, mit Ihrem Chef über Ihren nächsten Karriereschritt zu sprechen. Dieser lobt Sie zwar oft und gerne, weicht aber aus, wenn Sie konkret werden wollen. Langsam machen Sie sich Gedanken: »Hält er mich doch nicht für gut genug? Müsste ich mehr Druck machen? Oder verderbe ich es mir dann mit ihm?«

Auch wenn Sie in Situationen wie im Beispiel zunächst noch nichts tun und abwarten, befinden Sie sich bereits in einem Konflikt. Und zwar in einem inneren.

- **Der innere Konflikt:** Fragen wie »Soll ich oder soll ich nicht? Sollte ich nicht lieber ...?« und Gedanken wie »Eigentlich müsste ich ...« sind typisch für diese innere Auseinandersetzung. Auch wenn andere Personen damit zu tun haben, ist Ihre Hin- und Hergerissenheit zunächst Ihre eigene innere Angelegenheit.
- **Der Konflikt mit anderen:** Wenn Sie im Beispiel oben Ihren Chef explizit auf sein Ausweichen ansprechen und er sie trotzdem wieder vertröstet, dann befinden Sie sich in Konflikt mit ihm. Möglich, dass er Ihre Arbeitsqualität anders bewertet als Sie oder dass Sie in anderen Punkten Differenzen mit ihm haben, die Ihnen so noch nicht bewusstgeworden sind.

- **Der strukturelle Konflikt:** Diese Konfliktart gründet in den Rahmenbedingungen, die Sie vorfinden. Ein struktureller Konflikt kann sich ergeben, wenn z. B. Schnittstellenfunktionen in einer Organisation nicht hinreichend definiert sind und es dadurch immer wieder zu Problemen kommt (siehe auch Kapitel »Keine Frage des Charakters, sondern der Konstellation«). Ist es unklar, wer wen zu informieren hat oder wer die Hol- bzw. Bringschuld hat, dann geraten zwar die Personen selbst aneinander, aber die Ursache des Konflikts ist nicht etwa die so empfundene Unzuverlässigkeit der Kollegen, sondern die unpräzise oder sich widersprechende Aufgabenbeschreibung.

Vor allem strukturelle Konflikte haben es in sich: Oft werden sie nicht als solche erkannt, sondern fälschlich als zwischenmenschliche Probleme eingestuft. Dann wird der Kollege oder Mitarbeiter als Problem erlebt und nicht selten durch einen anderen abgelöst. Da das strukturelle Thema aber nach wie vor nicht gelöst ist, tauchen die alten Konflikte auch in neuer personeller Besetzung wieder auf. Woran Sie erkennen, dass es sich um einen strukturellen und nicht um einen zwischenmenschlichen Konflikt handelt, zeigt Ihnen die folgende Übersicht.

Indizien für strukturelle Konflikte
Das Problem tauchte auch beim Vorgänger auf.
Es geht um typische Orga-Streitfragen, z. B. Zuständigkeiten, Befugnisse.
Prinzipiell als friedfertig erlebte Kollegen gehen plötzlich aufeinander los.

Indizien für strukturelle Konflikte
Der Konflikt ebbt ab, sobald einer der Beteiligten eine andere Funktion übernimmt, selbst wenn sie weiter miteinander zu tun haben.
Prozesse und Schnittstellen sind unzureichend geklärt.
Während und kurz nach Umorganisationen ist noch vieles nicht abschließend definiert und nicht eingespielt.
Es gibt viele Beteiligte und gravierende Interessenunterschiede in einem Themenfeld.

Konfliktstile

Wie Menschen in Konflikten handeln, ist sehr unterschiedlich. Ihr Repertoire reicht von kultiviert bis primitiv.

	Beispiele
von kultiviert bis primitiv	▪ Argumentieren
	▪ Appellieren
	▪ Feilschen
	▪ Schmeicheln
	▪ Tricksen
	▪ Intrigieren
	▪ Brüllen
	▪ Beleidigen
	▪ Drohen
	▪ Körperlich angreifen

Nicht selten sind wir abgestoßen von der Art und Weise, wie jemand sich in Konflikten verhält, um seine Interessen durchzusetzen, ganz unabhängig vom Konfliktthema. »Das ist unter meiner Würde; auf dieses Niveau begebe ich mich nicht«, sagen dann diejenigen, die sich weigern, in die unteren Schubladen der Intrige, der Manipulationen oder der rabiaten Einschüchterung zu greifen. Wichtig ist dabei zu wissen, dass der Primitivere häufig leider seinen Stil durchsetzt: Bei jemandem, der negative Gerüchte über Sie verbreitet und hinter Ihrem Rücken Intrigen schmiedet, nützt es wenig, auf ein offenes Gespräch zu setzen – denn auch da müssen Sie mit Lügen rechnen. Wenn jemand Sie in einer Sitzung dauernd unterbricht, dann hilft Ihnen höfliche Zurückhaltung nichts, sondern Sie müssen ebenfalls einmal lauter werden und sich das verbitten – und zwar, *bevor* Ihr Gegenüber ausgeredet hat und Sie um Ihre Meinung bittet. Denn darauf würden Sie möglicherweise lange bzw. vergebens warten. Wie Sie in solchen Situationen am besten reagieren, erfahren Sie im Kapitel « Handeln: Konflikte vermeiden«.

Wenn ein Konflikt eskaliert

Die wenigsten Konflikte lösen sich von selbst. Lässt man sie vor sich hin schwelen, wachsen sie weiter. Die Fronten verhärten sich zunehmend, bis eine Lösung nicht mehr möglich ist. Es ist daher wichtig, einschätzen zu können, auf welcher Eskalationsstufe sich ein Konflikt bereits befindet. So können Sie einerseits frühzeitig gegensteuern und andererseits die Mechanismen eines Konfliktes und das Verhalten des Konfliktpartners besser verstehen. Hilfestellung bietet hier die Arbeit von Friedrich Glasl. Der Konfliktforscher hat Eskalationsstufen beschrieben, die auf nahezu jeden Konflikt zutreffen.

Die Konflikteskalationsstufen		
Ebene 1 (win – win): Noch ist eine Klärung möglich		
1.	Verhärtung	Etwas braut sich zusammen; Spannungen entstehen.
2.	Polarisierung und Debatte	»Ihr« und »Wir« stehen gegeneinander: man argumentiert, streitet, widerspricht.
3.	Taten statt Worte	Es wird nicht länger geredet, sondern man beginnt Fakten zu schaffen.
Ebene 2 (win – lose): Ziel ist die Niederlage des anderen		
4.	Sorge um Image und Koalitionen	Man sucht systematisch Koalitionspartner gegen den anderen.
5.	Gesichtsverlust	Jede Moral wird verlassen, um dem anderen zu schaden; Verleumdungen, Lügen etc.
6.	Drohszenarien	Die eigene Macht wird demonstriert; unerfüllbare Forderungen werden gestellt.
Ebene 3 (lose – lose): Es können nur noch beide verlieren		
7.	Begrenzte Vernichtung	Jeder Schaden des anderen wird gefeiert; der andere wird teilweise entmenschlicht.
8.	Zersplitterung	Psychoterror, Bedrohung der Existenzgrundlage des anderen.
9.	Gemeinsam in den Abgrund	Um den andern zu vernichten, wird auch der eigene Untergang miteinkalkuliert.

Dieses Eskalationsmodell trifft auf die Auseinandersetzung von Staaten genauso zu wie für sich zuspitzende Konflikte zweier Kollegen. Was harmlos beginnt, kann sich in eine Spirale des »No Return« verwandeln. Insbesondere der Übergang von der Stufe 3 zu Stufe 4, wenn Dritte aus dem Umfeld in den Konflikt hineingezogen und funktionalisiert werden, ist hochkritisch. Ab diesem Zeitpunkt ist ein Einlenken meist nicht mehr ohne gefühlten Gesichtsverlust möglich. Wichtig ist dieses Modell, um zu erkennen, wie brisant eine Angelegenheit bereits ist.

BEISPIEL

Wenn eine Führungskraft mitbekommt, dass sich eine Gruppe von Mitarbeitern abschottet und sich abends trifft, um Aktionen gegen diese oder jenen zu planen, dann ist Gefahr im Verzug. Das regelt sich nicht mehr von alleine. Hier hilft es auch nicht, ganz allgemein an die Vernunft der Beteiligten zu appellieren. Hier muss der Vorgesetzte mit Nachdruck einschreiten.

Warum wir uns Konflikten nicht gerne stellen

Wer sich in einem Konflikt befindet, hat grundsätzlich zwei Möglichkeiten damit umzugehen: Er kann ihn entweder angehen (siehe dazu das Kapitel »Handeln«), oder sich davon abwenden (für eine kurze oder längere Zeit) und versuchen, ihn zu verdrängen, zu vermeiden, zu verharmlosen. Ein Konflikt lässt sich natürlich auch als Grund für ausgiebiges Klagen und Ärgern hernehmen. Jemand beschwert sich darüber, ärgert sich, lästert oder leidet – laut oder hinter vorgehaltener Hand –, aber er tut nichts, um die Situation zu ändern. Ständiges Beschweren macht die Sache nicht besser, im Gegenteil. Auch das Dramatisieren von konfliktären Situationen dient nicht der Lösung der Sache, sondern ist letztlich eine wenig hilfreiche »Weg-von-Strategie«. Jeder gelöste Konflikt bringt uns weiter, sowohl menschlich als auch beruflich. Viele Menschen ziehen jedoch das Leiden der Lösung des Konflikts vor. Damit vermeiden sie Anstrengung. Denn es kostet schon einiges an emotionaler und mentaler Kraft, um einen Konflikt zu klären. Nicht selten fühlen die Leidenden sich moralisch überlegen, nach dem Motto: Wer leidet, ist im Recht. Diese gefühlte Überlegenheit möchten sie nicht riskieren und bleiben lieber im Problem stecken. Denn eine Lösung herbeizuführen, heißt auch immer, sich von alten Überzeugungen zu lösen und sie loslassen zu können. Das fällt vielen Konfliktpartnern aus folgenden Gründen schwer:

- Sie müssten einen Teil ihrer Weltsicht verändern.
- Sie müssten ihre »weiße Weste« ablegen und zugeben, dass sie selber auch zum Konflikt beigetragen haben, dass nicht nur der andere daran schuld ist.
- Sie müssten liebgewordene Vorurteile aufgeben. Es bestünde dann kein Anlass mehr, von sich abzulenken, indem sie mit dem Finger auf andere zeigen.

Das Gute im Schlechten

So mancher Konflikt hat auch Vorteile. Über das berühmte »Gute im Schlechten« wird jedoch nicht gerne gesprochen. Würde der Konflikt gelöst, fiele die Begründung, für die er immer herhalten musste, weg; es gäbe dann keine Ausrede mehr.

BEISPIEL

Regelmäßig beschweren sich die Mitarbeiter der Abteilung A über die Abteilung B: Deren Produktqualität sei extrem schlecht und sie würden nie ihre Deadlines einhalten. Tatsächlich ist aber niemand an einer Verbesserung der Arbeit jener Abteilung interessiert – und man sucht deswegen gar nicht nach Lösungen. Denn so kann gut kaschiert werden, dass die Beschwerdeführer in ihren eigenen Reihen durchaus auch Qualitäts- und Zeitprobleme haben. So lange die anderen noch etwas schlechter arbeiten, bleiben die eigenen Probleme außerhalb des Fokus der Geschäftsführung.

- Bei wiederkehrenden Klagen ohne Änderungsimpulse lohnt es sich zu überprüfen, wer ein Interesse am Fortbestehen der scheinbar unbefriedigenden Lage hat.
- Nach dem Konflikt ist vor dem Konflikt. Wenn etwas geklärt wird, hat das in der Regel Folgen für das eigene Verhalten. Man muss etwas anders machen; das erfordert Umlernen. Wenn Konflikte angegangen und gelöst werden, dann ist die Bahn frei für die nächstgrößere Herausforderung und damit wieder neue Schwierigkeiten. Viele wollen sich dem nicht stellen, sei es aus Angst oder aus Bequemlichkeit.
- Es kann sich auch um einen »Stellvertreter-Konflikt« handeln, der einen anderen, den eigentlich ursächlichen, überlagert und unsichtbar macht.

BEISPIEL

Solange sich die Sekretärinnen der beiden Geschäftsführer ständig in den Haaren liegen und sich das Leben schwermachen, bemerkt keiner, dass es die Chefs selbst sind, die nicht zusammenarbeiten wollen. Ihre verdeckten Aggressionen gegeneinander lassen sie ihre Mitarbeiterinnen austragen. Sie selbst spielen sich stattdessen offiziell immer wieder als »Friedensstifter« auf.

Wer sich von vornherein als Verlierer sieht, seine Ressourcen (Nerven, Durchsetzungsstärke, Machtmittel) real oder auch nur gefühlt als limitiert wahrnimmt, der wird ebenfalls versuchen,

Konfliktklärungen zu vermeiden. Das führt aber nicht selten zu den chronifizierten Kränkungsgeschichten, die irgendwann nicht mehr auflösbar sind (vgl. Kapitel »Ent-Täuschungen: das Ende einer Täuschung«).

Die Tiefenschichten eines Konflikts

Bei Konflikten verhält es sich wie bei einem Eisberg. Nur die wenigsten Aspekte daran sind offensichtlich und leicht beim Namen zu nennen. Die meisten Gründe für einen Konflikt sind nicht so einfach zu erkennen und zu klären; sie liegen unter der allgemein sichtbaren Oberfläche.

Allerdings ist nicht alles außerhalb des Blickfeldes gleich außerhalb unserer Einflussnahme. Es gibt durchaus Ebenen, die bewusst und verbalisierbar gemacht werden können. Und es existieren andere, tiefere Dimensionen, wo dies nahezu unmöglich ist; die sogar einem selber verschlossen bleiben. Manche Konflikte reichen in Tiefenschichten, die tatsächlich kaum noch lösbar sind. Nichtsdestotrotz sind deren Auswirkungen schmerzhaft zu spüren.

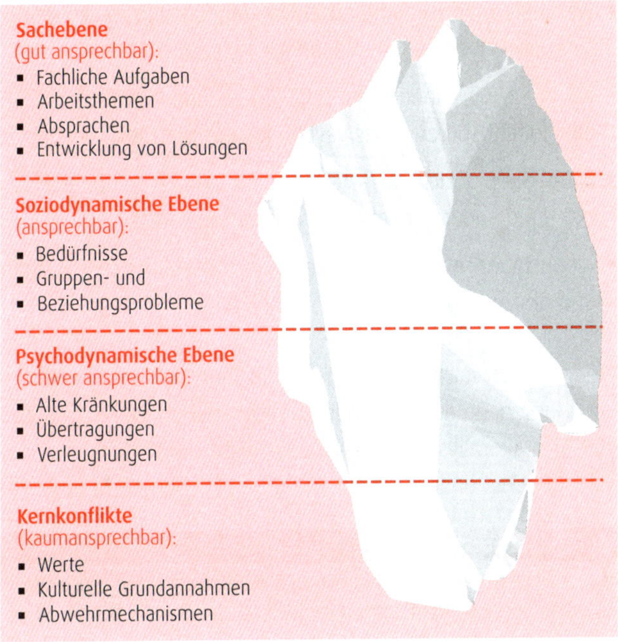

Die Ebenen eines Konflikts

Einen Hinweis darauf, dass jemand in Ihnen eine besonders tiefe Ebene anspricht, erhalten Sie, wenn Sie die folgenden Empfindungen in sich spüren:

- wenn beim Zusammentreffen mit ihm unbekannte und negative Gefühle in Ihnen aufsteigen, die Sie sich beim besten Willen nicht erklären können.

- wenn Sie rational komplett einverstanden sind mit einer Lösung und etwas in Ihnen dennoch tieftraurig ist.
- wenn Sie bei einem eher alltäglichen und harmlosen Streit ganz direkt spüren: »Das verzeih ich ihm/ihr nie«.
- wenn Sie plötzlich ausrasten, so dass Sie sich selber erschrecken und andere Sie ebenfalls irritiert anstarren.
- wenn Ihnen etwas sehr peinlich ist oder Sie sich schämen und nicht wissen, warum.

Wenn etwas solchermaßen Tiefes in Ihnen angerührt wurde, dann lassen Sie das den anderen nicht spüren. Das Gegenüber war hier allenfalls der Anlass, aber nicht die Ursache. So viel Macht hat der andere, vor allem im Berufsleben, nicht über Sie.

Auf einen Blick: Wann wird es schwierig?

- Konflikte entstehen nicht einfach so und sie verschwinden auch nicht einfach so. Sie haben immer eine Ursache, der man auf den Grund kommen sollte, damit der Konflikt nicht größer und größer wird.
- In Unternehmen kommt es häufig zu strukturellen Konflikten. Sie sind tückisch: Man vermutet, ihre Ursache liegt beim Kollegen, Chef oder Mitarbeiter. In Wirklichkeit liegt der Fehler im System.
- Je früher Sie einen sich anbahnenden Konflikt erkennen, desto leichter ist es, ihn zu lösen.

Handeln: Konflikte vermeiden und lösen

Zugegeben, schwierige Zeitgenossen machen es uns nicht einfach. Bestenfalls ärgert uns ihre Art, schlimmstenfalls verstricken sie uns in große Konflikte.

In diesem Kapitel erfahren Sie u. a.,

- welche Grundsätze Ihnen in Konfrontationen immer weiterhelfen,
- welche Erste-Hilfe-Maßnahmen es gibt, die für eine sofortige Entschärfung des Konflikts sorgen,
- wie Sie in schwierigen Gesprächssituationen weiterkommen.

Zehn Grundsätze, die immer nützen

Der Umgang mit anderen, deren Verhalten uns nicht liegt, die uns nicht sympathisch sind, ist schwierig und oft sehr mühsam. Im Berufsleben bleibt uns jedoch häufig nichts anderes übrig, als auch mit denjenigen gut umzugehen, die uns »nicht liegen«. Dabei helfen Ihnen die folgenden zehn Grundsätze. Auch wenn wir keine hundertprozentige Erfolgsgarantie geben können, ist die Wahrscheinlichkeit, dass eine Veränderung zum Guten eintreten wird, wenn Sie diesen Empfehlungen folgen, äußerst hoch.

Grundsatz Nr. 1: Unterschiede respektieren

Wenn wir uns über die Unzulänglichkeiten anderer aufregen, dann ärgern wir uns im Grunde über die Verschiedenartigkeit der Menschen. Wir ärgern uns also mittelbar, weil sie eine andere Perspektive haben als wir.

Wir Menschen sind verschieden, und das ist auch gut so. Es sind die Ungleichheiten, die eine bunte Fülle von Sichtweisen hervorbringen. Das bedeutet nicht etwa, dass Sie alles, was andere so tun und lassen, einfach akzeptieren müssen. Es geht nur darum, jedem Menschen mit Respekt zu begegnen. Wenn Sie mit dieser Grundeinstellung auf schwierige Zeitgenossen zugehen, schaffen Sie das Fundament, auf dem jede gute Sachlösung aufbaut.

Fragen zur Reflexion

- Was bedeutet es für Sie, Unterschiede zu respektieren?
- Wann und wo haben Sie im Umgang mit schwierigen Zeitgenossen Respekt besonders deutlich beobachtet und erlebt? Was genau ist da geschehen?
- Woran könnten schwierige Zeitgenossen ganz konkret erkennen, dass sie von Ihnen respektiert werden?

Grundsatz Nr. 2: Begegnung auf Augenhöhe

Am leichtesten ist der Umgang miteinander, wenn wir anderen auf Augenhöhe begegnen, wenn wir die innere Einstellung haben: »Du bist okay – ich bin okay«. Zugegeben, gegenüber schwierigen Zeitgenossen ist dies immer wieder eine ganz besondere Herausforderung. Denn das kann z. B. bedeuten, einem Kollegen Akzeptanz entgegenzubringen, der einen vielleicht nervt, der vielleicht cholerisch ist, durch den man selbst erhebliche Mehrarbeit hat. Für so jemanden Mitgefühl aufzubringen, ist eine Herausforderung.

Finden Sie Ihren persönlichen Leitsatz, der Sie in einer konkreten Situation oder in Vorbereitung auf eine Aussprache oder ein Gespräch mit einem schwierigen Zeitgenossen daran erinnert, dem anderen auf Augenhöhe zu begegnen.

Ihr persönlicher Leitsatz: Beispiele

- Du bist okay – ich bin okay.
- Alle Menschen wollen Respekt!
- Wie man in den Wald hineinruft ...
- Respekt ruft Respekt hervor.
- Nobody is perfect.
- Ich kann mir Augenhöhe leisten.

Grundsatz Nr. 3: Keine Etikettierung, keine Schubladen

Wir alle sind sehr schnell dabei, andere zu beurteilen und zu bewerten. Stempeln Sie Menschen nicht wegen ihrer Verhaltensweisen oder vermeintlichen Macken ab, denn niemand ist »grundsätzlich«, »nur« oder »immer« anstrengend, nervig oder unangenehm. Auch schwierige Zeitgenossen können sich anders verhalten.

BEISPIEL

Sie erfahren, dass ein Kollege, den Sie bei der Arbeit als äußerst unmotiviert erleben, sich im Privaten mit viel Engagement für seinen Verein einsetzt. Sie wundern sich und können sich gar nicht vorstellen, dass es sich um ein und dieselbe Person handelt.

Sie haben es selbst in der Hand, worauf Sie Ihre Aufmerksamkeit lenken wollen. Das, was wir verstärkt wahrnehmen und beachten, bekommt letztlich mehr Gewicht.

BEISPIEL

Alles könnte so schön sein in Ihrem Team. Nur ein Kollege schießt quer. Mit seinen ewigen Bedenken bremst er alle anderen aus. Man könnte ihn nun als Bedenkenträger abstempeln und ihn in dieser Eigenschaft extrem nervig finden. Man könnte aber auch seine Akribie und Sorgfalt in den Fokus rücken und ihm Aufgaben übertragen, bei der diese positiven Fähigkeiten notwendig sind.

Grundsatz Nr. 4: Realistisch sein

Schwierige Zeitgenossen wird es immer und überall geben. Sobald sich die eine Situation wieder entschärft, steht die nächste Herausforderung bereits vor der Tür. Seien Sie realistisch: Ändern lassen sich Menschen nicht. Verabschieden Sie sich also von der Illusion, dass es einfach nur entsprechender Anstrengung, Willenskraft, Manipulation, Techniken oder Vorgehensweisen bedarf, um die anderen immer besser und besser in den Griff zu bekommen. Freuen Sie sich stattdessen über jede neue Gelegenheit, die sich Ihnen bietet, sich in Wertschätzung und Achtung anderen und auch sich selbst gegenüber zu üben. Eines ist dabei gewiss: Mit Sicherheit wird das von Mal zu Mal leichter.

BEISPIEL

Ihrem Kollegen fällt es sehr schwer, Besprechungstermine einzuhalten, obwohl sie alle im System hinterlegt sind. Bisher haben Sie versucht, ihm das Termin-Programm zu erklären, damit er damit besser zurechtkommt. Und trotzdem kam er bisher zu jedem Termin zu spät. Jetzt erinnern Sie ihn persönlich an Meetings, wenn es Ihnen sehr wichtig ist, dass er daran teilnimmt. Für Sie wird das mittlerweile immer mehr zur Routine und Ihr Kollege ist sehr dankbar für diesen »Service«.

Grundsatz Nr. 5: Die »Sollerei« beenden

Es hat wenig Sinn, seine Kraft und Zeit darin zu investieren, andere umerziehen zu wollen. Im Gegenteil: Häufig wird dadurch die Situation unnötig verschärft, und wir tun uns selbst damit auch nichts Gutes. Wir können den anderen nicht verändern. Das ist ebenso Fakt, wie sich unsere Umgebung nicht beliebig nach unseren Vorstellungen formen lässt. Es gibt immer wieder Situationen und Bedingungen, die es genauso zu akzeptieren gilt, wie sie sind. Auch wenn sie anders sind, als wir sie gerne hätten.

BEISPIEL

Wenn es kalt ist und regnet können Sie sich über das Wetter beklagen. Das wird Ihnen nicht helfen, da es außerhalb Ihres Einflussbereiches liegt. Sie können sich jedoch wetterfest anziehen oder sich unterstellen.

Die Unterscheidung, was Sie beeinflussen können und was nicht, ist, wird im Modell des Circle of Influence von Steven R. Covey aufgezeigt. Es unterscheidet zwischen Situationen, die wir beeinflussen können, und solchen, die außerhalb unseres eigenen Einflussbereichs liegen.

Beeinflussbar	Außerhalb unseres Einflusses
Nein sagen lernen	Voraussetzen, dass der Kunde Ihre Grenzen kennt und berücksichtigt
Pünktlich in den Feierabend gehen	Hoffen, dass der Kollege mehr Aufgaben übernimmt
Die Vorgesetzte um Feedback bitten	Lob erwarten
Sich kollegial verhalten	Erwarten, dass die Kollegin sich kollegial verhält

Nutzen Sie in Ihrem beruflichen Alltag alle Möglichkeiten, die in Ihrem Einflussbereich liegen und entwickeln Sie Gelassenheit jenen Dingen gegenüber, die Sie nicht ändern können. Wenn Sie Ihr Verhalten in bestimmten Situationen verändern, verändert sich möglicherweise auch das der Kollegen.

Grundsatz Nr. 6: Konzentrieren Sie sich auf die Stärken

Eine gute Möglichkeit, um sich nicht auf das unangenehme Verhalten des Gegenübers zu fokussieren, ist, sich ganz bewusst dessen positive Seiten klar zu machen. Denn was für uns selber gilt, nämlich, dass wir Stärken und Schwächen haben, gilt natürlich auch für schwierige Zeitgenossen. Wenn Sie bemerken, dass Sie eine Person »auf dem Kieker« haben, bietet sich die folgende Übung an.

Übung: Die angenehmen Seiten des schwierigen Menschen

- Was kann er gut? Was gelingt ihr immer wieder?
- Welche Stärken und/oder liebenswürdigen Seiten fallen mir zu dieser Person ein?
- Wofür könnte ich ihm auf Anhieb ein Kompliment machen?
- Wofür könnte ich ihr danken?

Falls es Ihnen schwerfällt, diese Fragen auf Anhieb zu beantworten, stellen Sie sie anderen Menschen, denen Sie vertrauen. Vor allem diejenigen, die sich etwas leichter mit dem schwierigen Zeitgenossen tun, werden die Fragen vermutlich besser beantworten können als Sie selbst.

Grundsatz Nr. 7: Fokussieren Sie die Lösung, nicht das Problem

Steve de Shazer und Insoo Kim Berg, beide Psychotherapeuten, stellten 1982 den sog. lösungsorientierten Ansatz vor. Sie gingen dabei von dem Standpunkt aus, dass es hilfreicher ist, sich auf Wünsche, Ziele, Ressourcen und Ausnahmen vom Problem zu konzentrieren anstatt auf Probleme und deren Entstehung. Auch die Schuldfrage oder wer letztendlich richtigliegt, steht nicht im Mittelpunkt der Bemühungen. Zu Recht, denn die Suche nach den Schuldigen oder dem Problemverursacher kostet sehr viel Zeit und Energie und hilft nicht zwangsläufig weiter. Wenn Sie dagegen die Lösung in den Mittelpunkt Ihres Denkens und Handelns stellen und nicht das Problem, ändert sich Ihre Perspektive, Ihr Blickwinkel. Es gelingt Ihnen und den anderen Beteiligten damit viel leichter, einen Weg aus der problematischen Situation zu finden. Hierbei helfen lösungsorientierte Fragen.

Lösungsorientierte Fragen
Gab es in der Vergangenheit Situationen oder Zeiten, in denen das unangenehme oder störende Verhalten nicht oder weniger stark aufgetreten ist?
Was war damals anders?
Was bräuchte es, um diese Situation zu verstärken bzw. wiederherzustellen?
Was bräuchte es, um in Zukunft gut miteinander arbeiten zu können?

Mit diesen Fragen können bisher ungenutzte Ressourcen und Möglichkeiten identifiziert werden. Wenn Sie sich auf die Lösung und den Zielzustand konzentrieren, können Sie es auch besser vermeiden, sich auf das Gegenüber einzuschießen.

> Machen Sie es doch einfach wie das Navigationssystem in Ihrem Auto. Wenn Sie sich verfahren haben, werden Sie von der Navigator-Stimme nicht ermahnt oder beschimpft, dass Sie sich trotz klarer Zielvorgabe und eindeutiger Wegbeschreibung verfahren haben. Die Route wird ganz einfach neu berechnet.

Grundsatz Nr. 8: Bei den Tatsachen bleiben

Wir verwechseln nur allzu gerne Tatsachen und Realitäten mit Vermutungen und Annahmen. Können Sie jeweils genau unterscheiden, was Sie von einem Menschen wissen, was Sie beobachten und was Sie zu ihm vermuten?

Übung: Fakten von Annahmen trennen

Stellen Sie sich folgende Fragen zu einem für Sie schwierigen Kollegen:

- Was weiß ich von ihm ganz konkret?
- Was beobachte ich an ihm?
- Was vermute ich über ihn?

BEISPIEL

All das weiß ich: Der Kollege wohnt in Freiburg, heißt Klaus Müller, er ist seit zehn Jahren im Unternehmen und im Einkauf tätig.

All das beobachte ich: Der Kollege spricht sehr laut, macht keine Sprechpausen, schaut mich beim Reden nicht an, sondern auf den Boden oder an mir vorbei.

All das vermute ich: Der Kollege ist unzufrieden, gestresst, genervt, frustriert, sauer, mag mich nicht.

Üben Sie sich darin, das Verhalten Ihres Gegenübers möglichst wertfrei, neutral und freundlich zu beobachten und es (als) wahr-zu-nehmen, ohne es zu bewerten. Es ist gar nicht so einfach und es braucht viel Übung, bei der Wahrnehmung zu bleiben, ohne diese gleich zu interpretieren. Wie gut sind Sie darin, alles voneinander zu trennen? Machen Sie den Test!

Test: Verhalten beobachten ohne zu interpretieren	
Kreuzen Sie an: Bei welchen der folgenden Aussagen handelt es sich um eine Beobachtung?	
1. Frau Maier hat am Meeting nicht teilgenommen.	
2. Herr Müller hat kein Interesse an unserem Meeting.	
3. Ich habe den Lieferanten letzte Woche dreimal um einen Rückruf gebeten und keinen bekommen.	
4. Ich habe heute Vormittag immer wieder versucht, den Kunden telefonisch zu erreichen, aber es hat niemand abgenommen.	
5. Die Kollegin ist sehr selbstbewusst.	
6. Das Produkt kostet 100 Euro mehr als im Vorjahr.	
7. »Sie erreicht man aber auch schlecht!«	
8. Der Kollege plaudert gerne mit der Grafikerin.	
9. Der Kunde hat ein blaues Produkt bestellt und ein gelbes geliefert bekommen.	
10. Die Chefin kommt selbst immer zu spät!	
11. Die Kollegin ist heute sehr unkonzentriert.	
12. Der Kollege ist genervt.	
13. Die Kollegin hat mich heute Morgen nicht begrüßt.	
14. Der Chef lässt seine Bürotür häufig offen.	
15. Der Kollege ist ein Querulant!	
16. Der Kollege hat mehrere Argumente genannt, die gegen eine Veränderung sprechen.	
17. Der Kollege ist unmotiviert/ hat Angst/ hat Spaß daran, andere zu provozieren.	
18. Die Kollegin sagte, dass sie den Kunden unmöglich findet.	

Lösung: Nur die folgenden Sätze geben reine Beobachtungen ohne Interpretation wieder: 1, 3, 4, 6, 9, 13, 16, 18.

Viele Missverständnisse entstehen, weil die Vermutung über die Wirklichkeit nicht von der Wahrnehmung selber unterschieden wird. Die Interpretation der Wahrnehmung führt dann zwangsläufig zur falschen Bewertung.

Es kann sehr entlastend sein, auf Bewertungen und Interpretationen zu verzichten: Wer sich allein auf seine Wahrnehmung konzentriert, muss nichts verstehen, erkennen oder erklären können. Er muss sich nicht anstrengen, um mühsam herauszufinden, wer Recht hat oder wer Schuld hat.

Grundsatz Nr. 9: Zwischen dem Verhalten und der Person trennen

Bereits weiter oben haben wir festgestellt: Menschen neigen dazu, Sachliches mit persönlichen Aspekten zu vermischen und daraus falsche Schlüsse zu ziehen. Das ist auch verständlich, denn Person und Sache lassen sich nicht so ohne Weiteres voneinander trennen.

BEISPIEL

Das beste Produkt nutzt einem Unternehmen wenig, wenn es nicht gelingt, eine gute persönliche Beziehung zwischen dem Vertrieb und den Lieferanten herzustellen.

Um in schwierigen Situationen Fortschritte in der Sache zu erzielen, braucht es tragfähige Beziehungen und gegenseitigen Respekt, unabhängig von der Sache. Diese gegenseitigen Abhängigkeiten gilt es, sich bewusst zu machen und zu begreifen. Nur wenn sich alle Beteiligten sicher sind, dass sie als Person nicht infrage gestellt sind, sondern akzeptiert und geachtet werden, können und werden sie sich auf einen offenen Dialog über die Sache einlassen. Daher ist es wichtig, zwischen der Person selbst und ihrem Verhalten zu unterscheiden. Machen Sie sich klar: Es ist das Verhalten, das Sie am anderen stört. Es geht nicht um seine Persönlichkeit bzw. den Menschen als Ganzes.

Statt allgemeinen Zuschreibungen ...	... besser konkrete Wahrnehmungen
Sie sind unpünktlich.	Sie sind mit 20-minütiger Verspätung zu unserer Verabredung gekommen.
Sie sind selbstbewusst.	Sie sprechen laut, deutlich und verständlich. Das wirkt auf mich selbstbewusst.
Sie engagieren sich zu wenig.	Ich freute mich, wenn Sie sich in der nächsten Besprechung an den Diskussionen durch eigene Redebeiträge aktiv beteiligten.
Sie sind immer so genervt.	Sie verdrehen immer wieder die Augen, wenn ich über ... spreche.«

Grundsatz Nr. 10: Erkennen Sie den Nutzen

Grundsätzlich schwierige Menschen gibt es nicht. Es gibt nur solche, mit denen Sie noch nicht gut umgehen können. Immer dann, wenn andere uns schwierig erscheinen, gibt es einen guten Grund dafür. In der Regel handeln wir Menschen nach Mustern, die früh erlernt und antrainiert wurden und in der Vergangenheit vermutlich für irgendetwas gut waren. Besonders schnell und gerne machen wir uns Verhaltensmuster zu eigen, die aus einer Angst heraus entstanden sind. Wenn Sie sich das ins Bewusstsein rufen, wird es für Sie vielleicht leichter, Verständnis und Mitgefühl für schwierige Zeitgenossen zu entwickeln.

BEISPIEL

Wenn uns die Eltern vermittelt haben, dass wir nur dann liebenswert sind, wenn wir Leistung bringen, werden wir uns mit Sicherheit zu sehr leistungsorientierten Erwachsenen entwickeln.

Um herauszufinden, nach welchen Mustern jemand handelt, fragen Sie nicht nach dem »Warum«, sondern nach dem »Wozu«. Dadurch kommen Sie dem Nutzen des Verhaltens, das Sie stört, vielleicht auf den Grund. Also nicht: »Warum macht er das immer wieder?«, sondern: »Wozu ist das für ihn selber gut?« In der folgenden Übersicht finden Sie ein paar Beispiele.

Den Nutzen erkennen	
Verhalten	**Wozu ist das für ihn selber gut?**
Wenn jemand ständig anderer Meinung ist	▪ Macht auf seine Themen aufmerksam ▪ Verhindert, dass seine Anliegen übersehen werden ▪ Bremst die anderen aus ▪ Verschafft sich Aufmerksamkeit
Wenn jemand ununterbrochen redet	▪ Verhindert Rückfragen ▪ Bringt sein Gegenüber zum Aufgeben ▪ Setzt eigene Interessen durch ▪ Verhindert eigene Reflexion
Wenn sich jemand cholerisch verhält	▪ Will sich durchsetzen ▪ Baut Stress ab ▪ Schafft Distanz ▪ Schützt sich vor Angriffen
Wenn jemand alles besser weiß	▪ Will Anerkennung ▪ Überspielt sein Minderwertigkeitsgefühl ▪ Wehrt Widerspruch ab

Jeder, der sich in irgendeiner Weise verhält, verspricht sich einen ganz persönlichen Nutzen aus dem, was er tut oder was er sagt. Über die Wozu-Frage können Sie möglicherweise dem Grund für ein Verhalten auf die Spur kommen und entsprechend darauf reagieren.

BEISPIEL

Wenn Sie bei einem Menschen, der häufig sehr aggressiv auftritt, vermuten, dass ihm seine Aggression beim Stressabbau hilft, können Sie ihm Gelegenheit geben, sich zu entspannen, bevor Sie ein Gespräch mit ihm eröffnen.

Um andere besser verstehen zu lernen, ist es auch ganz hilfreich, sich den Nutzen der eigenen Verhaltensweisen bewusst zu machen. Ecken Sie mit Ihrem Verhalten bei anderen immer wieder an, sollte es dabei aber nicht bleiben. Es muss dann eine Auseinandersetzung darüber folgen, wie Sie diesen Nutzen auch anderweitig sicherstellen können.

BEISPIEL

Wenn Sie sich häufig terminlich verzetteln, kann das ein Hinweis darauf sein, dass Sie sich davor scheuen, Aufträge abzulehnen und auch einmal Nein zu sagen. Wer so agiert, denkt oft, dass er an Anerkennung verliert, wenn er Widerstand leistet.

Sofortmaßnahmen bei Ärger und Stress

Das Verhalten schwieriger Zeitgenossen löst oft genug unangenehme Reaktionen bei uns selbst aus. Wir sind genervt oder frustriert und werden ärgerlich oder wütend. Dadurch geraten wir unter Stress und können keinen klaren Gedanken mehr fassen. Es entsteht in uns eine innere Dynamik in Richtung Abstandsverlust und Blickverengung, die lösungsorientiertes Vorgehen erschwert. Abgesehen davon ist zu viel Ärger auf Dauer auch nicht gesund. Kopfschmerzen, Herz- oder Magenbeschwerden und hoher Blutdruck können die Folge sein.

Ärgern Sie sich über andere, ist es sinnvoll, erst einmal Abstand zu gewinnen – Abstand von der Situation, Abstand von sich selbst und seinen Gedanken und Abstand von dem Menschen, mit dem wir uns schwertun. Das kann auch innerlich geschehen. Sie müssen dazu nicht unbedingt sprechen oder die Flucht ergreifen.

Nehmen Sie das Tempo raus

Wenn Sie aufgrund einer Äußerung oder eines Verhaltens Ihres Gesprächspartners besonders aufgeregt oder wütend sind, sollten Sie erst einmal nicht mehr in der Sache fortfahren. Auch wenn es gerade dann besonders schwerfällt. Die Wahrscheinlichkeit, dass Sie Dinge sagen, die Sie später bereuen, ist in diesen Augenblicken besonders hoch.

Machen Sie es sich zur Regel, in solchen Situationen erst einmal etwas zu tun, um Zeit zu gewinnen. Das Mittel, um eine Situation sofort zu entschärfen, heißt: Tempo raus! Am besten, indem Sie erst einmal tief Luft holen. Erlauben Sie sich eine kurze Gedanken- und Sprechauszeit. Wenn es die Situation zulässt, können Sie auch um eine längere Pause bitten. Das verschafft Ihnen Zeit zu überlegen und zu entscheiden, wie Sie reagieren wollen. Sie können Ihr Vorgehen sogar kommentieren, z. B. indem Sie dem anderen mitteilen: »Herr Müller, ich möchte gerade einmal kräftig Luft holen und mich einen Moment sammeln, bevor ich weiterspreche«, oder: »Frau Meier, ich schlage vor, wir machen an dieser Stelle mal eine kurze Pause und holen uns einen Kaffee. In zehn Minuten können wir unser Meeting fortsetzen.«

Tief durchatmen

Ärger, Wut und Enttäuschung kann man wegatmen. Stellen Sie sich dabei einfach vor, Sie würden durch den linken Nasenflügel einatmen und durch den rechten wieder ausatmen. Zählen Sie dabei mindestens bis 20. Kein Mensch bekommt mit, wenn Sie das tun, auch nicht, wenn Sie gerade in einem Meeting sind.

Progressive Muskelentspannung

Eine gute Möglichkeit, erst einmal etwas herunterzukommen, ist die sog. progressive Muskelentspannung, die der US-amerikanische Arzt Edmund Jacobson vor über hundert Jahren entwickelt hat. Sie lässt sich auch in Meetings unbemerkt durchführen und funktioniert ganz einfach: Spannen Sie einzelne Muskelgruppen nacheinander und den ganzen Körper entlang für ein paar Sekunden an und entspannen Sie sie dann ganz bewusst.

Wer die progressive Muskelentspannung in einem Meeting oder am Schreibtisch möglichst unbemerkt von anderen durchführen möchte, kann so verfahren: Fangen Sie bei den Händen an. Ballen Sie Ihre Hände zu Fäusten und lösen Sie dann die Anspannung nach ein paar Sekunden wieder. Fahren Sie fort mit Ihren Zehen. Krallen Sie Ihre Zehen in Ihre Schuhsohlen und lassen Sie nach ein paar Sekunden wieder los. Wiederholen Sie diese Übung so lange, bis sich Ihre Gefühle beruhigen.

Trinken

Trinken Sie ein großes Glas stilles Wasser langsam aus. Durch den Schluckreflex wird im vegetativen Nervensystem der Erholungsnerv (Parasympathikus) aktiviert, der den Körper auf Ruhe und Erholung einstimmt.

Ab in den Tresor!

Wenn Sie merken, dass ein schwieriger Zeitgenosse Sie durch sein Verhalten nachhaltig aufwühlt und Ihre Gefühle beherrscht, dann kann Ihnen die Tresorübung vielleicht weiterhelfen: Stellen Sie sich vor, Sie schließen »das Problem« in einen Tresor ein. Sie alleine besitzen den Schlüssel und bestimmen, wann der Safe erneut aufgeschlossen wird, um den Inhalt wieder herauszunehmen und sich weiterhin damit auseinanderzusetzen.

Der Blick aus der Zukunft

Machen Sie einen Zeitsprung: Stellen Sie sich einfach vor, Sie wären fünf Jahre älter und würden von dort aus auf die Situation zurückschauen. Fragen Sie sich: »Wird diese Situation dann auch noch eine Rolle spielen in meinem Leben?« Vermutlich werden Sie ihr dann nicht mehr so viel bis gar keine Bedeutung mehr beimessen, oder?

Wenn Sie Ihren Blick aus der Zukunft heraus auf die jeweilige Situation richten, ändern Sie Ihre Perspektive, Ihren Blickwinkel. Das kann Ihnen helfen zu entscheiden, ob und wie Sie weiter vorgehen wollen. Sagen Sie sich: »Heute in acht Wochen habe ich schon wieder ganz andere Themen, die mich beschäftigen werden. Es ist jetzt schon ganz sicher bzw. sehr wahrscheinlich, dass mein derzeitiges Anliegen zu diesem Zeitpunkt erledigt sein wird.«

Warten Sie!

Lassen Sie sich nicht in eine Auseinandersetzung verwickeln und auch nicht provozieren, wenn andere toben. Ein verbaler Schlagabtausch führt mit großer Wahrscheinlichkeit dazu, dass die Situation eskaliert. Lassen Sie dem anderen die Zeit, sich abzureagieren. Irgendwann ist die Luft raus. Frühestens dann ist er dazu in der Lage, sich auch mit Ihrer Sichtweise auseinanderzusetzen.

> Manchmal hilft jedoch auch alles Abwarten nichts. Wenn Sie feststellen, dass mit Ihrem Gegenüber gar nicht zu reden ist, weil ein Wutausbruch dem anderen folgt, sollten Sie sich Hilfe von einem neutralen Dritten holen.

Bewegung

Bewegung ist bei Unmut und Ärger immer gut. Sie hilft dabei, Stresshormone abzubauen. Ob Sie die Arme kreisen, fest auf den Boden stampfen, Treppen steigen, eine Runde um den Block drehen, Rad fahren oder Joggen gehen – wie Sie sich bewegen, ist nicht wichtig.

Das Gespräch mit dem anderen

Egal, welches Verhalten der schwierige Zeitgenosse an den Tag gelegt hat: Früher oder später wird es darum gehen, das Gespräch mit ihm zu suchen und die Situation anzusprechen.

Sie können sich natürlich auch ganz bewusst gegen ein Gespräch entscheiden. Gründe dafür kann es viele geben. Um herauszufinden, ob Sie ein Gespräch führen sollten oder nicht, lassen Sie sich am besten von einer Anekdote inspirieren, die angeblich vom Philosophen Sokrates selbst stammt.

Die drei Siebe

Ein Mann kam ganz aufgeregt zu Sokrates: »Ich muss dir unbedingt etwas erzählen.« Der Weise unterbrach ihn: »Warte!« Der Mann war überrascht. »Hast du das, was du mir erzählen willst, durch die drei Siebe gesiebt?«, fragte Sokrates. »Drei Siebe?«, wiederholte der Mann verwundert. »Ja! Lass uns prüfen, ob das, was du mir erzählen willst, durch die drei Siebe passt. Das erste Sieb ist die Wahrheit. Ist es wahr, was du mir erzählen willst?« »Ich habe es selber erzählt bekommen ...« »Hm«, erwiderte Sokrates, »hast du es wenigstens mit dem zweiten Sieb geprüft? Das zweite Sieb ist das der Güte. Wenn es nicht sicher wahr ist, was du mir erzählen möchtest, ist es wenigstens gut?« »Nein, nicht wirklich«, gab der Mann kleinlaut zu. »Dann lass uns auch noch das dritte Sieb anwenden«, unterbrach ihn der Weise, »Ist es wichtig und notwendig, es mir zu erzählen, was dich so aufregt?« »Wichtig ist es nicht und notwendig auch nicht unbedingt.« »Also«, sagte lächelnd der Weise, »wenn es weder wahr noch gut noch wichtig und notwendig ist, so lass es einfach sein und belaste dich und mich nicht damit.« (Verfasser unbekannt)

Stellen auch Sie sich in Zukunft die folgenden drei Fragen, um zu entscheiden, inwieweit Sie Ihr Anliegen ansprechen möchten oder nicht.

- Ist es wahr?
- Ist es nützlich?
- Ist es wichtig?

Der richtige Zeitpunkt

Ein guter Zeitpunkt für ein klärendes Gespräch ist gegeben, sobald Sie und auch Ihr Gegenüber etwas Abstand gewonnen haben und nicht mehr unter dem unmittelbaren Eindruck der Situation stehen. Verpassen Sie diesen Moment, dann kann es sein, dass sich Ihre Haltung dem anderen gegenüber verändert: Aus Achtung wird Missachtung und der Gesprächsbedarf erlischt, weil sich Ihre Meinung über ihn dann bereits verfestigt hat: »Kollege Müller ist eben ein Choleriker, mehr gibt es dazu nicht zu sagen«. Wir haben dann einen festen Standpunkt, von dem wir ungern wieder Abschied nehmen. Je früher Sie also ansprechen, was Ihnen auffällt bzw. was Sie stört, desto wahrscheinlicher ist es, dass alle Beteiligten gestärkt aus der Situation hervorgehen.

Vor dem Gespräch: die Situationsanalyse

Bevor Sie sich dafür entscheiden, das Gespräch zu suchen, ist es hilfreich, die Situation erst einmal gründlich zu analysieren. Damit gelingt es Ihnen, sie aus unterschiedlichen Perspektiven zu betrachten, um möglichst viele Aspekte wahrzunehmen und später Einfluss auf vergleichbare Konstellationen nehmen zu können. Vielleicht sprechen Sie im Vorfeld dazu mit einem Menschen Ihres Vertrauens, der eine neutrale Haltung einnehmen kann, oder Sie nutzen die folgenden Fragen.

Fragen zur Situationsanalyse

- Was genau haben Sie in der Situation beobachtet? Bei Ihrem Gegenüber? Bei sich selbst?
- Seit wann und in welchen vergleichbaren Situationen machen Sie diese Beobachtungen?
- Was stört Sie konkret?
- Was ist Ihr Anliegen, Ihr Ziel?
- Was wäre, wenn sich überhaupt nichts verändert? Mit welchen Auswirkungen rechnen Sie kurz-, mittel- bzw. langfristig?
- Wie könnte die Sichtweise Ihres Gegenübers sein?
- Welche Interessen/Ziele könnte er verfolgen? Welchen Nutzen könnte sie daraus ziehen?
- Welche Gefühle könnten sie möglicherweise beeinflussen?
- Was könnte er vielleicht befürchten?
- Welche Beobachtungen und Vorschläge würde eine neutrale Person (vermutlich) machen?

Ihr Ziel

Für eine professionelle Gesprächsführung ist es oberstes Gebot, die eigenen Gesprächsziele zu kennen. Das bringt Ihnen Klarheit und gibt Ihnen die Richtung vor, genauso wie ein Ziel bei einer Reise die Route vorgibt.

Legen Sie Ihr Ziel bereits vor dem Gespräch fest. Nur wenn Ihnen klar ist, was erreicht und bewirken werden soll, gehen Sie gut vorbereitet in das Gespräch. Definieren Sie Ihr Minimal- und Maximalziel und überlegen Sie bereits im Vorfeld, mit welchen Zwischenergebnissen Sie sich zufriedengeben würden. Nutzen Sie die folgenden fünf Kriterien, um Ihre Gesprächsziele zu definieren.

Konkret	Statt: »Ich will mich nicht streiten.« Besser: »Lassen Sie uns eine Lösung finden, damit wir in Zukunft weniger Wartezeiten haben.«
Realistisch	Statt: »Bitte heften Sie jedes Schriftstück immer sofort ab.« Besser: »Bitte machen Sie einen Vorschlag, damit die Unterlagen jederzeit auffindbar sind.«
Positiv	Statt: Was alles nicht passieren darf. Besser: Wie es in Zukunft sein soll.
Überprüfbar	Statt: »Bitte seien Sie doch etwas rücksichtsvoller.« Besser: »Bitte schalten Sie während der Besprechung Ihr Handy aus.«
Akzeptiert	Statt: »Sie müssen das genauso machen, ob es Ihnen nun gefällt oder nicht!« Besser: »Was brauchen Sie, um den Vorschlag gut umsetzen zu können?«

Legen Sie Ihr Ziel zu Beginn des Gesprächs offen. Das gibt allen Beteiligten Orientierung und hilft dabei, dass die Unterhaltung nicht aus dem Ruder gerät.

Gesprächsstrategien

Wer es mit schwierigen Zeitgenossen zu tun hat, wird immer wieder mit Reibereien und Unstimmigkeiten konfrontiert. Das ist auf Dauer nicht nur anstrengend und nervig, sondern auch unproduktiv. Fraglich ist, welche Strategie man hier fahren sollte. Ist es wirklich klug, um des lieben Friedens willen immer nachzugeben, oder ist es besser, sich auf Biegen und Brechen durchsetzen?

Neben dem Nachgeben und dem Durchsetzen gibt es noch weitere Vorgehensweisen, die den Verlauf Ihres Gespräches maßgeblich beeinflussen können. In der Abbildung sehen Sie fünf mögliche Gesprächsstrategien.

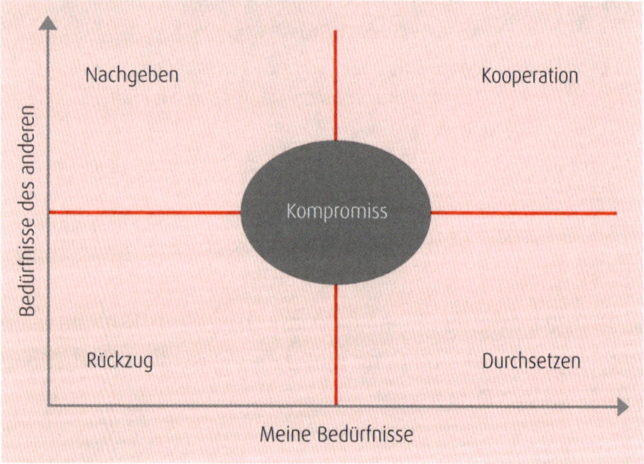

Die fünf Gesprächsstrategien

Jede dieser Strategien hat Vor- und Nachteile. Die richtige Vorgehensweise zu finden, hängt sowohl vom Ziel als auch von den beteiligten Personen und den Rahmenbedingungen ab.

Kooperation und Kompromiss sind, langfristig gesehen, am erfolgversprechendsten, wenn sie von allen Beteiligten gleichermaßen verfolgt werden. Wie auch die Abbildung zeigt, werden bei diesen beiden Vorgehensweisen sowohl die eigenen als auch die Bedürfnisse des anderen am ehesten befriedigt.

In unserer Leistungsgesellschaft wird es in der Regel positiv gesehen, wenn sich jemand anderen gegenüber mit seinem Standpunkt durchsetzen kann. Wenn es um den Umgang miteinander geht, kann das aber genau die falsche Strategie sein. Welche Vor- und Nachteile die einzelnen Gesprächsstrategien haben, können Sie der folgenden Übersicht entnehmen.

Durchsetzen	
Vorteile	**Nachteile**
▪ Geht schnell, daher günstig, wenn rasches Handeln geboten ist	▪ Es gibt klare Gewinner und Verlierer
▪ Wirksam bei unpopulären Entscheidungen	▪ Machteinsatz statt Überzeugung
▪ Engagement in der Sache	▪ Demokratische Entscheidungen werden umgangen
▪ Gibt klare Orientierung	▪ Braucht viel Kraft und Energie gegen den Wiederstand

Kompromiss	
Vorteile	**Nachteile**
▪ Gerechtes Treffen in der Mitte	▪ Kann Streit darüber provozieren, wo »die Mitte« ist
▪ Macht ist gleich verteilt	▪ Kann im Vorfeld zu überhöhten Forderungen führen
▪ Beidseitige Bereitschaft, Zugeständnisse zu machen	▪ Die Ergebnisqualität kann jeweils geringer ausfallen
▪ Alle haben einen kleinen Gewinn	▪ Beide machen Abstriche
Kooperation	
Vorteile	**Nachteile**
▪ Niemand muss nachgeben	▪ Gefahr, dass Lösungen »verwässert« werden
▪ Beiderseits optimale Lösung	▪ Gefahr, dass das eigentliche Ziel in den Hintergrund gerät
▪ Gemeinsame Ziele	▪ Kann die sachlich beste Lösung verhindern
▪ Kreative Zusammenarbeit	▪ Kann auf Kosten von Dritten gehen
Nachgeben	
Vorteile	**Nachteile**
▪ Zeigt guten Willen und stabilisiert die Beziehung	▪ Verzicht auf eigene Ziele
▪ Bietet dem Gegenüber Unterstützung an	▪ Harmonisieren unabhängig vom Ziel
▪ Spart Energie bei Unwichtigem	▪ Braucht Anpassungsbereitschaft
▪ Begünstigt Kooperationsbereitschaft des Gegenübers in anderen Fällen (»Man hat etwas gut«)	▪ Für das eigene Standing nicht förderlich

Rückzug

Vorteile	Nachteile
▪ Schont Kräfte	▪ Es gibt keine Gewinner
▪ Kein großer Verlust bei eher bedeutungslosen Themen	▪ Flucht, Verleugnung der Realität
▪ Weniger Konflikte	▪ Verdrängte Konflikte werden größer
▪ Selbstbild bleibt erhalten	▪ Unzufriedenheit auf beiden Seiten

Den Gesprächspartner kennenlernen

Der Philosoph Arthur Schopenhauer brachte es einst auf den Punkt: »Wer klug ist, wird im Gespräch weniger an das denken, worüber er spricht, als vielmehr an den, mit dem er spricht.« Sich im Vorfeld mit Ihrem Gegenüber auseinanderzusetzen und sich in ihn hineinzuversetzen, ist die Basis für erfolgreiche Gespräche. Die folgenden Fragen unterstützen Sie dabei, mehr über den anderen herauszufinden.

Fragenkatalog: Gesprächspartner besser kennenlernen

Was wissen Sie über den anderen?

Welche Einstellung haben Sie zu ihm (Vorurteile, Sympathie, Antipathie ...)?

Wie schätzen Sie Ihre Beziehung zueinander ein? Wie ist sie vermutlich aus seiner Sicht?

Welche Stärken nehmen Sie an ihm wahr?

Welche guten Erfahrungen haben Sie bislang miteinander gemacht?

Welche Bedürfnisse, Motive, Emotionen, Erwartungen, Ziele hat Ihr Gegenüber vermutlich im Hinblick auf das Thema?

Fragenkatalog: Gesprächspartner besser kennenlernen
Bei welchen Punkten können Sie mit seiner Zustimmung rechnen und an welcher Stelle mit Einwänden?
Wie kann Ihr Gegenüber sein Gesicht wahren, wenn Sie Ihre Ziele erreichen wollen bzw. müssen?

Die Gesprächsstruktur

Wenn klar ist, welche Ziele Sie verfolgen und an welchem Punkt Sie und Ihr Gegenüber im Hinblick auf das Thema gerade stehen, sollten Sie die Vorgehensweise festlegen, um Ihr Ziel zu erreichen. Dazu braucht es ein klares Konzept.

Die folgende Übersicht dient als »roter Faden«. Bleiben Sie jedoch flexibel und orientieren Sie sich nicht starr danach. Halten Sie sich an die Devise: So frei wie möglich und so strukturiert wie nötig.

Leitfaden für schwierige Gespräche		
1.	Einleitung	▪ Begrüßung: Bedanken Sie sich bei Ihrem Gesprächspartner für seine Bereitschaft zum Gespräch. ▪ Nennen Sie Ihre Erwartungen an das Gespräch: Anliegen, Ziele, Interessen, Nutzen für alle Beteiligten.

Leitfaden für schwierige Gespräche		
2.	Informations-phase	▪ Das Anliegen konkret und aus einer respektvollen Haltung heraus benennen. ▪ Relevante Themen, Fakten, Hintergründe aufzeigen. ▪ Das Gegenüber bitten, zunächst einmal zuzuhören und Sie lediglich bei Verständnisfragen zu unterbrechen. ▪ Anschließend Rollenwechsel, d. h., Ihr Gegenüber stellt seine Sicht der Dinge dar und Sie hören aktiv zu, ohne zu unterbrechen. Nicht vergessen: Zuhören heißt noch nicht gutheißen. ▪ Zeigen Sie Einfühlungsvermögen, versetzen Sie sich innerlich in Ihr Gegenüber hinein! ▪ Auch eine Ihnen unverständliche oder unlogische Argumentation gibt Ihnen Informationen über das Denken und die Ziele Ihres Gegenübers. ▪ Achten Sie auf versteckte und vage Signale (Mimik, Tonfall, Körpersprache) bei Ihrem Gegenüber und auch bei sich selbst. ▪ Streben Sie nicht zu früh rationale Lösungsverhandlungen an, sonst können Ihnen wichtige Informationen verlorengehen.
3.	Der Dialog	▪ Die Aussprache eröffnen. ▪ Argumente gegeneinander abwägen. ▪ Übereinstimmungen bzw. den kleinsten gemeinsamen Nenner herausstellen. ▪ Gemeinsame Lösungssuche und -findung.

Leitfaden für schwierige Gespräche		
4.	Vereinbarungen	▪ Zusammenfassen und Ergebnisse feststellen. ▪ Folgerungen und künftiges Vorgehen. ▪ Kontrolltermin festlegen, zu dem geprüft wird, was aus den Vereinbarungen geworden ist. ▪ Wo keine Einigung möglich ist: Die unterschiedlichen Positionen klar und transparent herausarbeiten und ggf. Zwischenergebnisse festhalten.
5.	Abschluss	▪ Das Gesprächsende ankündigen; kein abruptes Ende. ▪ Dank für Gesprächs- und ggf. Kompromissbereitschaft. ▪ Freundliche Verabschiedung, selbst wenn keine Einigung erzielt werden konnte.

Wer aus einer respektvollen Haltung heraus spricht und klare, eindeutige Worte wählt, braucht sich über den richtigen Tonfall oder einen angemessenen Körperausdruck keine Gedanken zu machen. Tonfall und Körpersprache passen sich dann nämlich automatisch an und unterstreichen das gesprochene Wort. Voraussetzung hierfür ist jedoch, dass Sie in einem guten Kontakt mit sich selbst sind, während Sie sprechen.

> Beobachten Sie immer wieder auch sich selbst und prüfen Sie Ihre eigene Motivation.

Das Modell der gewaltfreien Kommunikation

Manchmal können wir Kritik von anderen annehmen, auch wenn sie unangenehm ist. Ein anderes Mal will uns das so gar nicht gelingen und wir gehen in Widerstand.

Wenn es Ihnen gelingt, kritische Themen so zu äußern, dass sie frei sind von Wertungen, Beschuldigungen oder Angriffen, dann steigt die Wahrscheinlichkeit, dass der andere Ihr Anliegen ernst nehmen und auch annehmen kann. Hilfestellung dabei leistet das inzwischen weit verbreitete Modell der gewaltfreien Kommunikation, kurz GfK, das der Psychologe und Konfliktmediator Marshall B. Rosenberg entwickelt hat.

Schritt für Schritt zur gewaltfreien Kommunikation

Gewaltfreie Kommunikation funktioniert in vier Schritten.

a) Objektive Beobachtung äußern	Teilen Sie zunächst Ihre Beobachtung mit – ohne Bewertung oder Interpretation. Sie sollte sich auf eine konkrete Handlung beziehen. Beispiel: (Eine Führungskraft zum Mitarbeiter) »Herr Müller, Sie sind im letzten Monat mehrfach zu spät gekommen, und zwar am …, am … und am …«
b) Das eigene Gefühl benennen	Drücken Sie dann das Gefühl aus, welches Sie mit der Beobachtung verbinden. Beispiel: »Darüber habe ich mich geärgert.«

c) Das Bedürfnis offenbaren	Nun teilen Sie Ihr Bedürfnis mit, das hinter Ihrem Gefühl liegt. Es ist häufig nicht auf den ersten Blick erkennbar. Gerade bei negativen Gefühlen ist es notwendig, dass die dahinterliegenden Bedürfnisse verstanden werden. Beispiel: »Für mich hat Pünktlichkeit viel mit Respekt anderen gegenüber zu tun, weil ...(erläutern).«
d) Erwartung, Bitte bzw. Appell formulieren	Am Ende bitten Sie um eine konkrete Handlung. Hier wird zwischen Bitten (im Hier und Jetzt), Erwartungen und Wünschen (in der Zukunft) unterschieden. Beispiel: »Ich erwarte von Ihnen, dass Sie künftig pünktlich sind!«

Rosenberg fasste die Schritte der GfK in folgendem Satz zusammen: »Wenn ich a sehe, dann fühle ich b, weil ich c brauche. Deshalb möchte ich jetzt gerne d.« Diese Formel kann in der Reihenfolge variieren. Was hier in der Theorie sehr einfach klingt, bedarf in der Praxis etwas Übung. Versuchen Sie es einfach und beobachten Sie, wie Ihr Gegenüber reagiert.

Argumente platzieren

Manchmal geht es darum, für sich, sein Thema bzw. Anliegen einzustehen. Dann heißt es, andere mit Argumenten von der eigenen Sichtweise zu überzeugen. Doch das ist häufig gar nicht so einfach. Eine überzeugende Argumentationskette bilden Sie, indem Sie folgende Grundsätze beachten.

- Überfallen Sie Ihr Gegenüber nicht mit Ihrer Argumentation. Fragen Sie, ob die Bereitschaft zu einem Gespräch besteht.

Seine Gesprächsbereitschaft ist Grundvoraussetzung, wenn Sie überzeugen wollen.

- Benutzen Sie Formulierungen und Begriffe, die Ihrem Gegenüber vertraut sind. Es gibt keine guten oder schlechten Argumente, sondern nur solche, die das Gegenüber erreichen oder nicht.
- Ihre Haltung, aus der heraus Sie agieren, wird für Ihr Gegenüber spürbar sein. Wollen Sie den anderen überreden, überrumpeln oder manipulieren oder wollen Sie ihn so mit ins Boot holen, dass er gut mitgehen kann?
- Sammeln Sie im Alltag ganz konkrete Beispiele, um Ihre Argumente zu untermauern. Ihr Gegenüber wird Ihr Anliegen dann leichter verstehen.
- Weniger ist mehr. Argumentieren Sie knapp und prägnant. Setzen Sie nur die wichtigsten Argumente ein, um den anderen nicht zu überfordern. Zwei bis drei Begründungen sind in der Regel ausreichend.
- Bringen Sie Struktur in Ihre Argumentation (z.B. »Dafür gibt es drei gute Gründe: 1. … 2. … 3. …«). Je einfacher, klarer und einprägsamer die Struktur ist, desto leichter kann der andere Ihren Argumenten folgen.
- Machen Sie sich bewusst, welches Ziel Sie erreichen möchten. Je überzeugender das Ziel ist, desto unwichtiger die Argumente.

- Versuchen Sie nicht immer, Recht zu bekommen, sondern akzeptieren Sie, dass auch eine rational überlegene Position gelegentlich nicht durchsetzbar ist.

Wie Sie Einwänden begegnen

Einwände sind keine Kampfansagen, sondern ganz normale Instrumente zwischenmenschlicher Kommunikation. Ein Einwand ist subjektiv gesehen, also aus der Perspektive Ihres Gegenübers, immer berechtigt. Insofern sollten Sie den Einwand – selbst wenn er sachlich falsch ist – grundsätzlich ernst nehmen, darauf eingehen und versuchen ihn auszuräumen. Hier ein paar Tipps für den Umgang mit Einwänden.

Zeigen Sie Ihre Wertschätzung

Auch wenn er unangenehm ist – jeder Einwand hat durchaus Vorteile, über die Sie sich freuen können. Ihr Gesprächspartner signalisiert damit seine Bereitschaft, sich mit Ihnen auseinanderzusetzen und seine Perspektive aufzuzeigen. Alleine deswegen sollten Sie ihm Wertschätzung und Verständnis entgegenbringen. Ihre Wertschätzung können Sie z. B. so äußern:

- »Gut, dass Sie das ansprechen!«
- »Ich verstehe Ihre Bedenken.«
- »Das ist ein sehr wichtiger Punkt, den Sie da nennen.«
- »Danke für deine Offenheit.«
- »Ihre Position ist absolut nachvollziehbar.«

Bereiten Sie sich auf Einwände vor

Setzen Sie sich schon vorab mit möglichen Einwänden auseinander. Welche könnten kommen und wie können Sie darauf reagieren? Nehmen Sie Gegenargumente, die Sie vom Gesprächspartner erwarten, am besten vorweg, indem Sie sie selbst nennen und dann entkräften.

Mögliche Formulierungen:

- »Ich kenne Ihre Bedenken im Hinblick auf ... Bitte lassen Sie uns dennoch darüber sprechen, weil ...«
- »An dieser Stelle kommt gerne das Argument, dass ...Dazu möchte ich sagen ...«
- »Sie könnten nun sagen, dass ... Allerdings gibt es auch ...«

Stimmen Sie zu – eingeschränkt

Praktizieren Sie die Technik der eingeschränkten Zustimmung: Stimmen Sie Ihrem Gegenüber zu *und* formulieren Sie anschließend Ihre eigenen Argumente. Das kann so aussehen:

- »Sie haben vollkommen Recht. Aus meiner Sicht ist es so, dass ...«
- »Jawohl, ich verstehe Sie, und ... Das kann ich auch sehr gut verstehen. Andererseits ist zu bedenken, dass ...«

Vermeiden Sie Gesprächskiller

Schnell gesagt, lange bereut – negative Formulierungen können Gespräche von jetzt auf gleich zunichtemachen, denn sie reizen unseren Gesprächspartner zu einer negativen Reaktion. Die klassischen Gesprächskiller sind die folgenden Wendungen:

- »Nein, das stimmt nicht.«
- »Da liegen Sie falsch.«
- »Da muss ich Ihnen widersprechen.«
- »Das ist Quatsch!«
- »Aber ...«
- »Trotzdem ...«

Mit solchen Formulierungen provozieren Sie Widerstand. Lassen Sie deshalb diese oft so leicht dahingesagten Sätze ganz einfach weg.

Wenn der Einwand Ihres Gesprächspartners zwar subjektiv verständlich und damit auch berechtigt, aber objektiv falsch ist, stellen Sie ihn lieber sachlich und wertfrei richtig, ohne die Floskeln oben einzusetzen.

Deuten Sie Einwände einfach um

Mit der Umdeutungstechnik werden berechtigte Einwände in einen Vorteil umgewandelt.

- »Das dauert aber lange!« Sie entgegnen: »Ja, uns ist es wichtig, dass alles gründlich und genau erledigt wird.«

- »Sie sind aber ungeduldig!« Sie sagen daraufhin: »Stimmt. Mir ist es wichtig, dass Sie zeitnah die Ergebnisse vorliegen haben!«
- »Meine Güte, Sie sind aber pingelig!« Ihre Antwort: »Ja, weil es an dieser Stelle auch hundert Prozent braucht.«
- »Sie sind aber taff!« Ihre Reaktion: »Wenn Sie damit meinen, dass mir das Thema ein großes Anliegen ist, haben Sie Recht. Diesbezüglich bin ich besonders taff.«
- »Sind Sie immer so nervös?« »Ja, daran können Sie erkennen, wie wichtig mir das Thema ist!«

Nicht jeder Einwand lässt sich ausräumen

Die Einwände seines Gesprächspartners ernst zu nehmen bedeutet auch,

- es zu akzeptieren, wenn sich der andere nicht umstimmen lässt,
- sich von der Meinung des anderen überzeugen zu lassen, wenn dieser die besseren Argumente hat.

Sie können davon ausgehen, dass Menschen, die ein Argument nach dem anderen ins Feld führen, zumindest im Augenblick nicht bereit sind, sich von Ihnen überzeugen zu lassen. Wenn Sie in einer solchen Situation weiterargumentieren, laufen Sie Gefahr, dass das Gespräch aus dem Ruder gerät. Besser ist es dann, die Unterhaltung auf einen späteren Zeitpunkt zu verschieben.

Umgang mit persönlichen Angriffen und Killerphrasen

»Das ist doch Quatsch, was Sie da erzählen!«, »Was sollen wir denn damit.«, »Davon haben Sie doch gar keine Ahnung!« – wenn Ihr Gegenüber solche Dinge äußert, heißt es, möglichst schnell zu reagieren. Hier ein paar Strategien, wie Sie mit Killerphrasen und persönlichen Angriffen umgehen können.

- **Schlagen Sie nicht zurück:** Begeben Sie sich nicht auf das gleiche Niveau und kontern Sie nicht mit einer abfälligen Bemerkung oder gar einer Schimpftirade. Das brächte Sie in der Sache nicht weiter. Es verschaffte Ihnen allenfalls eine vorübergehende Befriedigung. Auf jeden Fall aber ließe es einen faden Beigeschmack zurück und schadete Ihrem Image, wenn Sie im Eifer des Gefechts überreagierten. Gehen Sie deswegen weder zum Gegenangriff noch zur Verteidigung über. Inhaltlich erreichen Sie Ihre Ziele nämlich nur, wenn Sie Ihren Gesprächspartner friedlich stimmen können. Behandeln Sie Killerphrasen und persönliche Angriffe wie Einwände, die sich mit Geschick und Glück vielleicht wieder ausräumen lassen.
- **Gewinnen Sie Zeit:** Versuchen Sie nach einer verbalen Attacke Ihres Gegenübers zunächst Zeit zu gewinnen. So verschaffen Sie sich die Möglichkeit, erst einmal Ihre Gedanken zu ordnen. Sagen Sie z. B.: »Moment mal«, oder: »Augenblick bitte, ich möchte kurz nachdenken, bevor ich Ihnen antworte«, oder: »Ich könnte jetzt etwas zu trinken brauchen. Darf ich Ihnen auch ein Glas Wasser anbieten?« Manchmal reicht das schon aus, um ein wenig Abstand zu gewinnen.

- **Fragen Sie nach:** Oft hilft es, beim Gesprächspartner nachzuhaken, z.B. so: »Was meinen Sie damit?«, »Wofür haben Sie keine Zeit?«, oder: »Wovon genau habe ich Ihrer Meinung nach keine Ahnung?« Eine Nachfrage bekundet Ihr Interesse, den anderen verstehen zu wollen. Und sie gibt beiden Seiten etwas Zeit nachzudenken, sich zu sammeln und zu beruhigen. Häufig entlarvt es den Angreifer zudem, wenn er seinen Vorwurf konkretisieren und erläutern muss.
- **Ignorieren Sie den Angriff und erklären Sie Ihr Vorgehen:** Sie können Ihre Position in aller Seelenruhe erklären, ohne auf die Attacke einzugehen. Diese Strategie ist für Ihr Gegenüber vermutlich überraschend und nimmt ihm erst einmal Wind aus den Segeln. Denn wahrscheinlich geht er davon aus, dass Sie seine Attacke in gleicher Form kontern.

BEISPIEL

Ihr Vorgesetzter kommt in Ihr Büro gestürmt und poltert: »Also, was ist denn das hier für ein Mist? Warum machen Sie das denn so?« Sie erklären ihm daraufhin ganz freundlich, geduldig und ruhig, warum Sie auf diese Weise vorgegangen sind, in aller Seelenruhe. Sie tun so, als ob Sie seinen rüden Tonfall schlicht nicht gehört haben.

- **Mal kurz die Ebene wechseln:** Sie können auch auf die sog. Metaebene wechseln. Das hört sich komplizierter an, als es letztendlich ist. Sie treten gedanklich ganz einfach einen Schritt zurück vom eigentlichen Thema und betrachten das Gespräch von einer übergeordneten Ebene aus. Dabei beschreiben Sie für Ihren Gesprächspartner und sich selbst, was Sie beobachten.

BEISPIEL

»Herr Maier, mir fällt gerade Folgendes auf. Ich sage etwas und Sie antworten: ‚Das geht so nicht!' Ich sage wieder etwas und Sie antworten mir erneut: ‚Das geht so nicht, auf keinen Fall!'« Machen Sie danach einfach eine kurze Pause, um diese Beschreibung auf Sie beide wirken zu lassen, oder fragen Sie nach, was das zu bedeuten hat.

- **Nein sagen:** Gelegentlich müssen Sie sich auch deutlich positionieren und dem anderen seine Grenzen aufzeigen. Oft hilft hierbei nur ein klares Nein. Bei dieser Taktik sollten Sie immer zwei Schritte gehen. Schritt 1: Sagen Sie Nein. Schritt 2: Halten Sie die anschließend unweigerlich entstehende Gesprächspause aus. Verwässern Sie die Eindeutigkeit Ihres Nein nicht durch eilfertig nachgeschobene Verbindlichkeiten. Bleiben Sie stark – und bleiben Sie still!

BEISPIEL

Frau Müller arbeitet seit einem Monat in der Vertriebsabteilung eines kleineren Unternehmens. Schwierigkeiten bereitet ihr der Kollege Schulz. Obwohl sie beide die gleiche Position als Junior Sales Manager bekleiden, behandelt der Kollege sie wie seine Assistentin. In einem internen Meeting mit weiteren Kollegen treibt er das auf die Spitze: »Hol doch mal Kaffee für uns alle. Meinen trinke ich mit Milch und drei Stückchen Zucker.« Frau Müller kontert: »Nein, Torsten, das werde ich nicht tun. Ich schlage vor, wir machen eine fünfminütige Pause und gehen alle gemeinsam in die Teeküche.«

Ein Nein kann man auch verpacken, so dass es nicht ganz so hart wirkt. Sie können sogar Nein sagen, indem Sie Ja sagen.

BEISPIEL

Eine neue Projektleiterin wird gesucht, um ein neues System einzuführen. Der Personalleiter fragt sie: »Finden Sie nicht, dass Sie viel zu jung sind für so eine verantwortungsvolle Aufgabe?« Sie antwortet: »Stimmt, ich bin jung. Das Gute ist jedoch, dass ich mich mit dem neuen System besonders gut auskenne und dass ich neue, frische Impulse mitbringe.« Eine solche Antwort ist äußerst verbindlich und höflich – und trotzdem ein glasklares »Nein«.

- **Fordern Sie Respekt ein:** Beschimpfungen und Beleidigungen sind bereits im Privatleben sehr problematisch. Im Berufsleben haben sie überhaupt keinen Platz. Lassen Sie sich nicht anschreien, beschimpfen oder beleidigen. Fordern Sie in einem ruhigen Ton Respekt und Höflichkeit ein: »Bitte lassen Sie uns in einem höflicheren Ton miteinander sprechen.« Damit wahren Sie Ihre Würde, für sich selbst und auch im Hinblick auf eventuell anwesende Dritte.
- **Gesprächsabbruch als letzte Konsequenz:** Manchmal hat es keinen Sinn, ein Gespräch fortzusetzen. Das ist vor allem der Fall, wenn der Gesprächspartner sehr wütend oder aggressiv ist. In solchen Situationen kann es besser sein, den Rückzug anzutreten und die Unterhaltung zu verschieben. Sie können sagen: »Auf diesen Angriff hin möchte ich mich erst einmal sammeln. Das kam so überraschend, damit habe ich nicht gerechnet. Ich brauche jetzt etwas Abstand und bitte um Verständnis dafür. Lassen Sie uns das Gespräch auf einen späteren Zeitpunkt verschieben.« Mit dieser Strategie zeigen Sie nicht etwa Schwäche. Im Gegenteil. Sie zeigen damit Ihre Souveränität.

Schwierige Zeitgenossen im Meeting

Kennen Sie das? Es ist 9.30 Uhr. Der wöchentliche Jour fixe steht an. Sie sind bereit anzufangen, doch der Kollege Meier ist noch nicht da. Nach 10 Minuten Verzögerung starten Sie die Besprechung. Als Sie sich den Teammitgliedern zuwenden, stellen Sie fest: Der eine Kollege scrollt durch seine Mails auf dem Smartphone, der andere kritzelt Strichmännchen auf den Block. Später in einer Diskussion trommelt Herr Müller bereits mit den Fingern, weil er losmuss, während die Kollegen Mahler und Meier das alles nochmal durchdiskutieren wollen ...

Wer Besprechungen leitet, wird immer wieder in schwierige, unangenehme, ja, vielleicht sogar in unlösbar scheinende Situationen kommen. Wohl dem, der Wissen über professionelle Besprechungsmoderation parat hat und es so einsetzen kann, dass schwierige Situationen mit den Teilnehmenden möglichst bereits im Vorfeld vermieden werden.

- **Vereinbaren Sie klare Spielregeln:** Klare Spielregeln zum Umgang miteinander sind eine solide Basis dafür, dass Unstimmigkeiten erst gar nicht entstehen. Sie sollten Sie am Anfang der Zusammenarbeit gemeinsam mit allen Beteiligten festlegen.

Mögliche Regelungen zur Zusammenarbeit
Wir beginnen Meetings pünktlich zur vereinbarten Zeit, damit wir sie pünktlich auch wieder beenden können.
Smartphones und Tablets sind ausgeschaltet.

Mögliche Regelungen zur Zusammenarbeit

Jeder hat das Recht auszureden und gesteht dieses Recht auch den anderen zu.

Wir beschränken uns auf die Themen, die auf der Agenda stehen.

Wir besprechen Dinge lösungsorientiert.

- **Der kleinste gemeinsame Nenner:** Im Arbeitsalltag ist es nicht nötig und auch gar nicht möglich, allen Differenzen zwischen den Kolleginnen und Kollegen immer bis auf den letzten Grund nachzugehen und sie auszudiskutieren. Es reicht, sie soweit zu klären, dass die Arbeitsfähigkeit und der gegenseitige Respekt wiederhergestellt sind.
- **Legen Sie Besprechungsziele fest:** Besprechungsziele sind ein gutes Hilfsmittel, um ein Meeting ergebnisorientiert zu leiten. Voraussetzung dafür ist, dass die Ziele professionell definiert sind (siehe hierzu auch das Kapitel »Das Gespräch mit den anderen«) und sowohl in der Einladung enthalten als auch zu Beginn der Besprechung mit allen Beteiligten abgestimmt sind.

> Visualisieren Sie die Ziele auf einem Plakat. So können sich die Teilnehmenden sie immer wieder ins Gedächtnis rufen. Und auch Sie selbst können sich so leichter immer wieder darauf beziehen, z.B. wenn Diskussionen aus dem Ruder geraten.

- **Machen Sie Rückblenden:** Am Ende von Besprechungen empfiehlt es sich, gemeinsam zu überlegen: Was war bei diesem Meeting förderlich? Was war eher hinderlich? Was könnten wir künftig optimieren? Wenn jeder Beteiligte von vornherein weiß, dass es einen Rahmen gibt, in dem solche

Fragen gestellt und beantwortet werden, dann fördert dies, insgesamt betrachtet, sowohl den respektvollen Umgang miteinander als auch die Effektivität des Zusammentreffens.

- **Legen Sie Kontrolltermine fest:** Versehen Sie jede getroffene Vereinbarung mit einem Termin, zu dem alle Beteiligten gemeinsam überprüfen, inwieweit die Aufgabe erledigt wurde, ob das Vorgehen sinnvoll war oder noch einmal modifiziert werden muss. Solche Termine helfen sehr dabei, dass Vereinbarungen auch eingehalten werden.
- **Stufenweises Nachhalten:** Wenn Teilnehmende sich trotz aller Vereinbarungen nicht an die Spielregeln halten, schießen Sie nicht gleich mit Kanonen auf Spatzen, sondern gehen Sie stufenweise vor: Erinnern Sie sie zunächst an die Vereinbarungen. Wenn der Erfolg dennoch ausbleibt, sollten Sie direkter werden.

BEISPIEL

»Herr Müller, wir hatten zu Beginn der Besprechung vereinbart, dass wir heute ein Ergebnis zum Thema XY erzielen wollen. Damit wir dieses Ziel auch erreichen können, bitte ich Sie ausdrücklich darum, Ihre zusätzlichen Anliegen nicht heute, sondern erst im nächsten Meeting einzubringen.«

Wenn auch das nicht hilft, sollten Sie bei der nächsten Gelegenheit ein Vier-Augen-Gespräch mit dem jeweiligen Mitarbeiter führen. Je kleiner das Publikum ist, desto leichter fällt die Klärung der Situation.

Vorgesetzte kritisieren – bloß wie?

Immer wieder beklagen sich Menschen über ihre Vorgesetzten. Sie sind genervt von den Chefs, deren Handy während einer Besprechung ständig klingelt. Sie haben kein Verständnis für die Vorgesetzten, die immer wieder zu spät kommen, die so unsicher sind in ihren Anweisungen oder die ihre Mitarbeiterinnen und Mitarbeiter vor aller Augen und Ohren herunterputzen. All das ist ärgerlich und oft auch sehr belastend, klar!

Wenn Sie beabsichtigen, Kritik an Ihrem Vorgesetzten zu üben, empfiehlt es sich, mit einem Höchstmaß an Behutsamkeit vorzugehen. Schließlich sind Sie in Ihrem beruflichen Fortkommen auf Ihren Chef angewiesen. Die folgenden Tipps helfen Ihnen dabei, das schwierige Gespräch anzugehen.

- Wie auch sonst, wenn Sie Kritik üben, sollten Sie gegenüber Ihrem Chef darauf achten, dass er nicht das Gesicht verliert. Das heißt im Klartext: Das Kritikgespräch sollte unter vier Augen stattfinden.
- Fallen Sie nicht mit der Tür ins Haus – bitten Sie um einen Termin, zu dem Sie alles ohne Hektik mit ihm besprechen können. Sorgen Sie also möglichst dafür, dass das Gespräch in ruhiger Atmosphäre vonstattengeht. So ist es nicht ratsam, ein Kritikgespräch zu führen, wenn der Chef z. B. in zwei Stunden nach Bangkok aufbrechen muss.
- Seien Sie gut vorbereitet, auch auf Gegenargumente und Widerstand.

- Formulieren Sie Ihre Kritik am besten als konstruktiven Vorschlag – und betonen Sie die Vorteile, die Ihrem Vorgesetzten oder dem Unternehmen daraus erwachsen.
- Werden Sie nicht persönlich! Was für Kritikgespräche ganz allgemein gilt, gilt hier im Besonderen: Kritisieren Sie allenfalls das Verhalten des Vorgesetzten, aber nicht seine Person oder etwa seinen Charakter. Trennen Sie dies glasklar – lassen Sie Ihre Wertschätzung für ihn durchblicken; das kann Ihrem Anliegen nur dienen.
- Lassen Sie sich nicht provozieren und zu Äußerungen hinreißen, die Sie später bereuen. Sachlichkeit ist oberstes Gebot bei diesem Kritikgespräch. Merken Sie, dass zu viele Emotionen in Ihnen hochkochen, versuchen Sie Zeit zu gewinnen, um sich wieder zu fassen. Falls das nicht geht, brechen Sie das Gespräch lieber ab. Seien Sie klar in Ihren Worten und agieren Sie wertschätzend, aber nicht demütig.
- Beenden Sie das Gespräch, auch wenn es spannungsreich gewesen sein sollte, mit einem freundlichen Signal. Bedanken Sie sich zumindest für die Zeit, die der Chef für Sie erübrigt hat – und natürlich, falls das zutrifft, für die in Aussicht gestellte Veränderungsbereitschaft.

Es gibt mehr Möglichkeiten als Sie denken

So unterschiedlich die Menschen sind, so viele verschiedene Möglichkeiten, Hebel und Stellschrauben gibt es auch, mit ihnen und dem als schwierig empfundenen Verhalten umzugehen. Das folgende ABC der Möglichkeiten zeigt Ihnen zu jedem Buchstaben des Alphabets eine Option auf, wie Sie anderen in schwierigen Situationen begegnen können. Sicher finden Sie mit ein bisschen Kreativität und einer Prise Humor noch mehr Varianten.

Das ABC der Möglichkeiten	
Ansprechen, **A**ushalten	**N**ein sagen
Beobachten	**O**ffen sein
Coach suchen	**P**ositives sehen
Durchsetzen	**Q**uerdenken
Energisch werden	**R**at bei anderen suchen
Flexibel sein	**S**elbstsicher auftreten
Geduld aufbringen	**T**elefonieren
Humor	**U**mdenken, **Ü**berzeugen
Ignorieren	**V**erhandeln, **V**erschieben
Ja sagen zum anderen	**W**eiterbilden
Klartext reden, **K**ompromiss finden	**X**-mal tief Luft holen
Liebevoll sein **L**ösungsorientiert sein	»**Y**es, we can« sagen
Meinung sagen	**Z**iel festlegen

Was Ihnen im Umgang mit dem jeweiligen schwierigen Zeitgenossen letztendlich helfen kann, ist natürlich situations-, kontext- und natürlich auch personenabhängig. Mit zunehmender Übung und Erfahrung werden Sie immer mehr lernen, das Passende für sich zu finden.

Überlegen Sie, was die jeweiligen Vor- bzw. Nachteile der Vorgehensweisen sind, die Sie am meisten ansprechen. Erinnern Sie sich, mit welchen Lösungswegen Sie in der Vergangenheit bereits gute Erfahrungen gemacht haben. All das wird Ihnen dabei helfen, eine Entscheidung für Ihr weiteres Vorgehen zu treffen.

Wenn ausnahmsweise nichts mehr hilft

Bei allem guten Willen, bei aller Kompetenz in zwischenmenschlichen Beziehungen und bei aller Vielfalt an Lösungswegen: Es gibt eine prinzipielle Grenze, die uns durch andere Menschen gesetzt ist. Wie behutsam oder geschickt wir uns auch immer anstellen, wir haben nie direkten »Zugriff« auf andere, sondern wir können immer nur das Unsere dazu beitragen. Die Möglichkeiten für unseren Beitrag sind zwar beträchtlich. Auch sind es mehr, als die meisten von uns in ihrem Repertoire haben. Aber es wäre vermessen anzunehmen, dass wir nicht scheitern können, wenn wir nur die richtige Technik anwenden.

Scheitern tut weh

Wir können sehr wohl eine Niederlage erleben beim Versuch, souverän und handlungsfähig zu bleiben im Zusammentreffen mit schwierigen Zeitgenossen. Es gibt keine Garantie für ein Happy End – und auch dazu müssen wir eine Haltung einnehmen können.

Wenn Sie an einen Punkt kommen, an dem Sie feststellen, dass alles nichts mehr hilft und Sie den Konflikt mit dem anderen nicht lösen werden können, helfen Ihnen folgende Grundsätze weiter:

- **Verharmlosen Sie die Angelegenheit nicht:** Es nützt nichts, sich vorzumachen, dass das Scheitern doch gar nicht so schlimm war. Doch, Manches ist schlimm!
- **Schuldzuweisungen nützen nichts:** Ebenso wenig machen Schuldzuweisungen und Vorwürfe die Angelegenheit besser. Seien Sie versöhnlich mit sich selbst und verzeihen Sie sich, dass Sie es nicht besser hinbekommen haben.
- **Lassen Sie Ihre Gefühle zu:** Ob Wut, Trauer, Hilflosigkeit, Widerstand, Protest, Aggressivität, Resignation oder Schock – diese eher negativ beleumundeten Gefühlsvarianten sind zumindest zu Beginn einer Enttäuschung sozial angemessene Reaktionen und wichtiger Bestandteil im Prozess, die Niederlage gut zu verarbeiten. Die heftigen Gefühle schalten vorübergehend unsere Fähigkeit, klar denken zu können, aus. Lassen Sie auch dies geschehen. All das ist völlig in Ordnung.

BEISPIEL

Thomas Gottschalk antwortete einmal in einem Interview auf die Frage, ob er in seiner langjährigen Ehe jemals Trennungsabsichten hatte: »Aber nein. Umbringen wollte ich sie! Aber trennen wollte ich mich nie von ihr.«

Nachdem sich das heftigste Gefühls- und Gedankenchaos gelegt hat, kommt die Zeit, sich wieder zu sortieren und sich mit dem vorläufigen Scheitern anzufreunden. Das vollzieht sich wie bei jedem Trauerprozess in mehreren Phasen: vom Nichtwahrhaben-Wollen über Wut, Hilflosigkeit, Trauer bis hin zur Akzeptanz dessen, was geschehen ist, und schlussendlich dem Neuanfang. Ganz allmählich – und bei guter Übung immer schneller –, kehrt nach all der Ent-Täuschung, dem Frust oder der Ohnmacht Ihre Souveränität zurück. Nun liegt es an Ihnen zu entscheiden, welche Haltung Sie zum Geschehenen einnehmen. Womöglich entwickeln Sie mit der Zeit sportlichen Ehrgeiz und nehmen die Herausforderungen durch schwierige Zeitgenossen Mal um Mal gelassener und neugieriger an.

> »Auch heute habe ich wieder etwas erlebt, was ich hoffentlich bald verstehen werde.« (Zitat aus dem Film »The Five Obstructions«)

In jedem Fall ist das Scheitern ist eine gute Gelegenheit, sich ein paar Fragen zu stellen:

- Welche Chance steckt darin, dass etwas gescheitert ist?
- Was lerne ich daraus?
- Wie bin ich bisher umgegangen mit meinen Misserfolgen? Will ich es wieder so machen? Was hat mir dabei geholfen? Was nicht?
- Was lasse ich gerne los?

Kluges Selbstmanagement

Der Umgang mit schwierigen Zeitgenossen ist eine Herausforderung. Wer sie gut meistern möchte, sollte den Fokus auch auf sich selbst legen.

In diesem Kapitel erfahren Sie u. a., warum uns

- die eigene Haltung vor allem in Konflikten weiterhelfen kann,
- der Umgang mit anderen leichter fällt, wenn wir uns selbst gut kennen,
- jeder bewältigte Konflikt ein Stück wachsen lässt.

Das A und O: Ihre Haltung

Wenn Sie eine klare Haltung einnehmen, stellen Sie sicher, dass Sie grundsätzlich in Ihrer Spur bleiben, ganz unabhängig davon, wie sich das Gespräch entwickelt. Sie installieren dann eine Art Kompass, dessen Nadel verlässlich in die gleiche Richtung zeigt, wo auch immer Sie im Eifer des Gefechts hingeraten. So können Sie sich von jedem Punkt des Gesprächsverlaufs aus sicher orientieren und ausrichten.

Haltungen geben uns Halt

Viele haben Angst, heikle Themen anzusprechen, weil sie fürchten, in einer Auseinandersetzung völlig den Faden zu verlieren, emotional zu werden, sich selber nicht mehr im Griff zu haben und das Verhältnis zum anderen damit nur noch zu verschlimmern.

Es lohnt sich, wenn Sie vor einem kritischen Gespräch oder einer heiklen Begegnung gut überlegen, mit welcher spezifischen Grundeinstellung Sie in die Situation gehen wollen. Reflektieren Sie, welche Einstellung nützlich für Sie und hilfreich in der Sache sein könnte. Diese Haltung – eine Art durchgehende Meta-Botschaft – lässt Sie dann auch spontan die richtigen Worte finden, die ja vorab oft gar nicht geplant werden können. Eine bewusst gewählte und klare Haltung einzunehmen für bevorstehende schwierige Situationen, gibt im wahrsten Sinne des Wortes Halt. Sie hilft, auch in gefährlicher oder unvorhersehbarer Gemengelage nicht vom gewünschten Weg abzukommen. Sie stärkt damit unsere Authentizität und die innere Stringenz unseres Verhaltens.

BEISPIEL

Eine junge Mitarbeiterin wird von einer erfahrenen Kollegin eingearbeitet. Die ersten Tage haben bereits zu einigen Missverständnissen und Reibereien geführt. Die Neue ist verunsichert und auch verärgert, weil sie das Verhalten der anderen als arrogant und ungeduldig empfindet. Vor dem schwierigen Gespräch mit ihrer Kollegin, um das sie wegen der Probleme gebeten hat, entscheidet sie sich für die folgende Haltung: »Ich will lernen. Das ist mein Hauptziel. Alles, was im Gespräch passieren wird, ist eine weitere Möglichkeit, diese Firma und meinen Arbeitsplatz kennenzulernen.« Dank dieser bewusst gewählten Haltung gelingt es ihr, im Gespräch tatsächlich offen zu sein und sich für die Sicht der anderen zu interessieren. Nicht unbedingt, weil sie die Meinung der Kollegin teilt, sondern weil sie sie kennenlernen will (»Ich will lernen«). Dadurch vermeidet sie unnötige Auseinandersetzungen. Ihre Kollegin entspannt sich ebenfalls, weil sie spürt, dass sie Gehör findet und kein Widerstand bei ihrer Gesprächspartnerin besteht. Für die beiden wird es so leichter, Vereinbarungen zu treffen, wie sie die Zusammenarbeit künftig gestalten wollen.

Es ist nicht schwer sich auszumalen, wie das Gespräch im Beispiel verlaufen wäre, wenn die Haltung der neuen Mitarbeiterin so ausgesehen hätte: »Die Alte plustert sich auf. Sie meint wohl, sie alleine weiß nur, wie es geht.«

Je nach Anlass und Situation gibt es unzählige Varianten für mögliche Haltungen und Meta-Botschaften. Im Folgenden haben wir einige Beispiele für Sie gelistet.

- Ich werde heute keine Entscheidung treffen, sondern mir nur alles anhören.
- Ich will im Guten mit dem anderen auseinandergehen.
- Ich bleibe freundlich und sage Nein.
- Ich will nur zuhören und verstehen; ich will jetzt noch keine eigene Position entwickeln oder darlegen.
- Ich sage, was zu sagen ist, und halte dann die Reaktion aus, egal wie diese ausfällt.
- Ich lasse mich nicht beschwichtigen, sondern drücke meinen Ärger aus.
- Ich harmonisiere nicht, sondern erkenne an, dass wir uneinig sind.
- Ich lasse mich nicht provozieren.
- Ich muss nicht alles heute klären.
- Ich werde das nicht zwischen Tür und Angel besprechen.
- Ich bin froh, hier zu arbeiten, und erkenne es an, dass es Konflikte gibt.
- Ich muss nicht gewinnen.
- Ich bestehe auf meiner Forderung.
- Ich sende meinem Gesprächspartner eine ganz klare Botschaft, nämlich: ...

Nicht ohne Grund beginnen alle diese Sätze mit »Ich«. Sie halten unser Ich sozusagen zusammen und formen es. Immer dann, wenn wir dieses Ich nicht ganz bewusst definieren, gehen wir unbewusst in eine Situation mit einer uns nur teilweise klaren Haltung, die uns Worte sagen lässt, die uns später leidtun und nirgendwohin führen. Immer dann, wenn wir unsere Haltung nicht bewusst wählen, passiert es auch, dass wir innerhalb des Gesprächs schwanken zwischen einem versöhnlichen »Naja, vielleicht sollte ich doch …« und einem verärgerten »Nein, nicht schon wieder ich!« und vielen weiteren Facetten. Dadurch werden wir insgesamt undeutlich und schwächen uns in unserer Wirksamkeit.

> Keine noch so guten Textbausteine – die perfekt vorbereitet und womöglich sogar auswendig gelernt wurden – ersetzen die souveräne durchgehende Linie, die eine bewusst gewählte Haltung in einem Kontakt ermöglicht.

Die grundlegende Einstellung: Respekt

Im souveränen Umgang mit schwierigen Zeitgenossen gibt es eine Grundeinstellung, die sich stets als nützlich erweist, ganz unabhängig von der konkreten Situation. Sie klingt ganz einfach, hat es aber in sich, wenn es an die Umsetzung geht. Die Haltung, um die es sich in diesem Kapitel dreht, lautet: respektvoll sein. Wenn wir hier von Respekt sprechen, meinen wir den Respekt anderen und sich selbst gegenüber.

Respektieren Sie andere und sich selbst

Respekt und die damit ganz eng verwandte Anerkennung von anderen haben nichts mit Lobhudelei zu tun. Im Gegenteil. Im Wort »an-erkennen« steckt »erkennen«. Gemeint ist damit, sich für den anderen zu interessieren, ihn mit all seinen Bedürfnissen und Fähigkeiten wahrzunehmen und zu bemerken, was ihn bewegt, was er tut und sagt. Jedes gute Kritikgespräch beginnt mit der Wahrnehmung dessen, was passiert ist. Wir würdigen eine Person weit mehr, wenn wie sie mit all ihren Eigenheiten und auch mit ihren Unzulänglichkeiten wahrnehmen, anstatt sie zu ignorieren und ihr nur hin und wieder »etwas Nettes« zu sagen.

Eine respektvolle Haltung sollten wir nicht nur gegenüber anderen, sondern auch uns selbst gegenüber wahren. Wir sollten uns der eigenen Unzulänglichkeiten bewusst sein, aber auch unsere eigenen Absichten und Interessen wichtig nehmen und in der Kommunikation mit anderen deutlich vertreten. Wir erweisen uns selbst Respekt, wenn wir es uns »leisten«, andere so zu behandeln, wie auch wir gerne behandelt werden, selbst wenn es unser Gegenüber nicht tut.

Im Konfliktfall ist es eine Herausforderung, klar und deutlich zu sein und sich dennoch respektvoll zu verhalten.

Respektieren Sie die Wirklichkeit

Wir können uns die Welt nicht backen und sollten uns der Realität stellen, auch dort, wo sie uns nicht behagt. Andere Menschen, insbesondere diejenigen, mit denen wir in Schwierigkeiten geraten, machen uns unmissverständlich deutlich, dass wir nicht allein auf der Welt sind und dass wir die Welt noch bei weitem nicht verstanden haben und es wohl nie tun werden. Sie reißen uns aus unserem Kokon, in den wir uns sonst immer weiter einspinnen würden bis zur völligen Blindheit und Egozentrik. Es ist kontraproduktiv, Widrigkeiten und Konflikte zu bagatellisieren. Manche Menschen *wollen* in diesem Moment streiten. Es bringt sie umso mehr auf, je mehr andere versuchen, ihnen die Auseinandersetzung ausreden zu wollen.

Sehen Sie es am besten so: Schwierigkeiten sind eine außergewöhnliche Gelegenheit, unser Bild von der Wirklichkeit ständig zu erweitern und zu verfeinern. Lassen Sie diese Chancen nicht ungenutzt. Sie profitieren nicht nur von Gutem, das Ihnen widerfährt, sondern besonders auch von all den Widrigkeiten, denen Sie sich stellen und die Sie letztendlich meistern. Wären wir nie gestolpert in unserem Leben oder mit jemandem aneinandergeraten, hätten wir noch das Weltbild eines Kleinkindes.

> »Wer glaubt, über der Situation zu stehen, steht in Wirklichkeit nur daneben.« (Friedl Beutelrock, deutsche Schriftstellerin)

Respektieren Sie das Unbegreifliche

Nobody is perfect – dieses Bonmot ist zwar leicht dahingesagt, aber nur schwer auszuhalten. Wir sind komplexe, widersprüchliche, zartbesaitete, inkonsequente und vielfach limitierte Bündel aus Fleisch, Blut und Nerven, die schöne, schlimme, inspirierende, schlaue, liebevolle, hässliche, vernünftige, verrückte Dinge tun, sagen oder denken.

Diese Grundgegebenheit zu respektieren, haben wir fast vergessen angesichts unserer Optimierungswut und Selbstinszenierung in den Sozialen Medien. Auch wenn wir es ab und an gerne wären: Wir sind keine Maschinen mit einem logischen Bauplan und einer perfekten Nutzeroberfläche. Niemand ist perfekt. Respektieren wir also lieber freundlich die Unbegreiflichkeiten, die (von uns abgesehen) auch anderenorts auf dieser Welt anzutreffen sind. Es sind sehr viele. Dazu gehört es auch, dass für uns so richtig erscheinende Dinge für andere partout nicht einzusehen und zu begreifen sind. Finden Sie sich nicht nur damit ab, sondern respektieren Sie die Sicht des anderen.

Sorgen Sie gut für sich

Alles, was Sie selber stärkt, stärkt Ihre Souveränität in schwierigen Situationen. Es ist nicht nur erlaubt, sondern sogar lebenswichtig, dass Sie für sich und Ihre Interessen sorgen und diese Fähigkeit zur Selbstsorge weiterentwickeln.

BEISPIEL

Wohl jeder kennt diese Sicherheitsinstruktion vor dem Start eines Flugzeugs: »Sollte es zu einem Druckabfall in der Kabine kommen, öffnet sich eine Deckenklappe über Ihnen und Sauerstoffmasken kommen zum Vorschein. In diesem Fall ziehen Sie schnell eine Maske zu sich heran und platzieren diese fest auf Mund und Nase. Danach (!) helfen Sie Kindern und hilfsbedürftigen Personen.«

Diese Reihenfolge spielt auch außerhalb von Flugzeugen in unserem Leben eine wichtige Rolle: zuerst sich selber versorgen – danach kommt alles andere.

Sich selbst gut zu versorgen, meint nicht, am Wühltisch die Ellenbogen auszufahren, um sich das beste Schnäppchen zu sichern. Es geht darum, überhaupt erst einmal herauszufinden, was wir wirklich brauchen. Unser Ego will womöglich die neuesten technischen Gadgets, Himbeerkuchen und Schokolade oder Rampenlicht und Szenenapplaus – aber macht uns das satt, ruhig und zufrieden? Oder eher noch unruhiger und hungriger? Sorgen wir hier tatsächlich für uns selbst oder stressen wir uns? In Zeiten der freiwilligen Selbstausbeutung und Selbstoptimierung wird es zunehmend wichtiger, zu sich selbst freundlich zu sein: sich Zeit zu geben, sich Fehler zu verzeihen, sich Luft zu verschaffen – all das ist lebenswichtig.

> Was Sie sich selbst nicht erlauben, das gönnen Sie auch anderen nicht. Wo Sie sich selber nicht verzeihen, da verzeihen Sie auch anderen nicht. Und wenn Sie sich selbst nicht wohlgesonnen sind, wie können Sie es dann der Welt gegenüber sein?

Wechseln Sie die Perspektive

Sich in andere hineinzuversetzen, ist eine Fähigkeit, die sich üben lässt. Aber alle Übung hilft nichts, wenn wir nicht die entsprechende Haltung dazu haben. Wir müssen uns auf den Perspektivenwechsel einlassen, ihn wollen. Es gibt Gründe, warum andere sich so verhalten, wie sie sich verhalten. Aus ihrer Logik heraus ist ihre Handlungsweise vernünftig. Sie müssen diese Logik nicht teilen. Um andere besser verstehen zu können, sollten Sie sich jedoch für die Perspektive der anderen interessieren. Verstehen ist nicht gleichbedeutend mit akzeptieren. Um passend reagieren zu können, müssen Sie das Verhalten anderer nicht akzeptieren. Es zu verstehen, ist jedoch ungemein hilfreich.

Dass Sie in der Lage sind, die Perspektive zu wechseln, erkennen z. B. daran, dass Sie wichtige Fragen zu einer Person aus Ihrem Umfeld hinreichend gut beantworten können.

Test: Beherrschen Sie den Perspektivenwechsel?

Testen Sie sich. Nehmen Sie Bleistift und Papier zur Hand und rufen Sie sich eine für sie schwierige Person aus Ihrem beruflichen Umfeld vor Augen, z. B. Ihre Vorgesetzte oder einen Kollegen. Notieren Sie Antworten auf die folgenden Fragen.

- An welchen Ergebnissen wird diese Person gemessen?
- Was sind gerade ihre größten Probleme?
- Was geht ihr gegen den Strich?
- Worüber freut sie sich?
- Was plant sie?

Haben Sie Antworten auf diese Fragen gefunden oder sind ein paar Fragen unbeantwortet geblieben? Trifft die zweite Variante zu, ist das ein Indikator dafür, dass Sie dem Betreffenden mehr zuhören, ihn besser beobachten und auf Spurensuche gehen sollten. Kurz: Beschäftigen Sie sich mehr mit ihm. Sich nur immer über ihn zu beklagen, hindert Sie am Erkennen. Bleiben Sie nicht vorschnell bei Allgemeinplätzen hängen, z. B.: »Die will ja nur Karriere machen«. Das wäre nicht konkret genug. Was wird von ihr im Job erwartet? Was genau versucht sie zu erreichen? Für welche Bereiche zeigt Ihr Gegenüber Interesse? Was sind seine Alternativen? Seine Motive? Der Interessenlage des jeweils anderen auf die Spur zu kommen, ist mindestens so wichtig, wie in einem Thema eine fachliche Lösung entwickeln zu können.

> Investieren Sie in die Fähigkeit, sich in die Motive, Interessen, Handlungsmuster anderer Menschen hineinzuversetzen, mindestens so viel Zeit und Energie, wie Sie in den Kompetenzaufbau auf Ihrem fachlichen Gebiet stecken. Es lohnt sich!

Genau wie ich …

Eine andere Möglichkeit, sich der Welt anderer zu nähern, ist, das Verbindende zu unserer eigenen zu suchen, gerade dort, wo es scheinbar nichts Gemeinsames gibt.

Wenn Sie sich über jemanden ärgern oder auch nur wundern, dann versuchen Sie einmal die folgende Übung. Sie können sie übrigens auch ohne konkreten Anlass einfach so einsetzen,

z. B., wenn Sie in der Straßenbahn oder im Café Leute beobachten, die Ihnen sehr fremd sind oder mit denen Sie rein vom äußeren Augenschein nichts zu tun haben wollten.

Übung: Gemeinsamkeiten entdecken

Nehmen Sie sich ein paar Minuten, stellen Sie sich die betreffende Person vor oder beobachten Sie sie. Ergänzen Sie dann den Satz »Genau wie ich ...«.

Beispiele

- Genau wie ich fährt sie jetzt mit dieser Bahn.
- Genau wie ich ist sie heute unterwegs und hat Einiges vor.
- Genau wie ich kann sie vermutlich Manches gut und Manches nicht so gut.
- Genau wie ich regt sie sich über Dinge auf.
- Genau wie ich tut sie Dinge, die andere nicht verstehen.
- Genau wie ich will diese Person vermutlich glücklich sein.

In dem Moment, in dem wir uns auf diese Weise das Gemeinsame, weil zutiefst Menschliche, vergegenwärtigen, fällt es uns leichter, jemanden – wie fremd er oder sie uns auch sein mag – zu respektieren.

Selbsterkenntnis entwickeln

Es gibt unzählige Gründe, warum ein anderer zum schwierigen Zeitgenossen für uns wird. Nicht selten liegt die Ursache dafür jedoch bei uns selbst. Woran sonst sollte es liegen, dass sich der eine über ein bestimmtes Verhalten aufregt und andere wiederum in der gleichen Situation überhaupt nicht?

Die vier Spiegelgesetze

Immer wenn Sie etwas wahnsinnig aufwühlt, heißt das, dass es an irgendeiner Stelle bei Ihnen andockt und mit Ihnen selbst zu tun hat. Vielleicht handelt es sich um eine eigene Projektion? Vielleicht spiegelt sich im Wesen oder Verhalten Ihres Gegenübers Ihr eigenes Wesen und Verhalten? Der Schlüssel liegt in der Selbsterkenntnis, was Sie warum aus der Fassung bringt und wie es sich auswirkt. Die Spiegelgesetze, die aus alten Zeiten stammen, aber immer noch aktuell sind, liefern dafür Anhaltspunkte.

Die vier Spiegelgesetze

1. Alles, was mich am anderen stört, ärgert, aufregt oder in Wut geraten lässt und ich an ihm anders haben will, habe ich als Aspekt auch in mir selbst. Alles, was ich am anderen kritisiere oder sogar bekämpfe und an ihm verändern will, kritisiere, bekämpfe und unterdrücke ich in Wahrheit in mir selbst und hätte es auch in mir gerne anders.
2. Alles, was der andere an mir kritisiert, bekämpft und an mir verändern will, und ich mich deswegen verletzt fühle, so betrifft es mich ganz ebenso – ist dies in mir noch nicht richtig erlöst, meine gegenwärtige Persönlichkeit fühlt sich beleidigt, mein Ego ist noch sehr stark, meine Selbsterkenntnis noch schwach.
3. Alles, was der andere kritisiert an mir und mir vorwirft oder anders haben will und bekämpft und mich dies nicht berührt, ist sein eigenes Bild, sein eigener Charakter, seine eigenen Unzulänglichkeiten, die er auf mich projiziert.
4. Alles, was mir am anderen gefällt, was ich an ihm liebe, bin ich selbst, habe ich selbst in mir und liebe dies auch an anderen. Ich erkenne mich selbst im anderen – in diesem Augenblick sind wir eins.

Wie wir an schwierigen Menschen wachsen

Schwierige Zeitgenossen sind eine Herausforderung. Sie können Sie jedoch auch in Ihrem Leben ein großes Stück voranbringen. Natürlich ist es unangenehm und anstrengend, sich mit Menschen und Situationen auseinanderzusetzen, die Ihnen viel abverlangen. Allerdings wachsen wir an solchen Herausforderungen. Es ist ungemein befriedigend, im Nachhinein auf eine schwierige Situation zurückzublicken und sagen zu können: »Das war zwar sehr schwer für mich. Doch wenn es damals nicht so gewesen wäre, dann würde ich heute nicht da sein, wo ich jetzt stehe.«

BEISPIEL

Ein schwieriger Kollege, der Ihnen den täglichen Gang ins Büro zur Qual macht, kann der Auslöser dafür sein, den Schritt in die Selbstständigkeit zu wagen, die Sie vielleicht schon seit längerem in Erwägung ziehen. Je anstrengender und mühsamer die Zusammenarbeit mit diesem Menschen ist, desto besser, denn dadurch steigt der Handlungsdruck.

Noch besser, weil motivierender, ist es, sich die Frage nach dem Sinn bereits viel früher zu stellen: »Mal angenommen, dieser schwierige Zeitgenosse ist nicht zufällig in meinem Leben, sondern deshalb, weil es für mich etwas zu lernen gibt. Was könnte das sein?« Diese Art zu denken, lässt Sie gleich viel positiver auf die Situation schauen.

Was Ihre Reaktion auf andere über Sie selbst aussagt

Nutzen Sie das schwierige Verhalten anderer dazu, Wichtiges über sich selbst zu erfahren. Der erste Schritt in diese Richtung ist, sich der eigenen Reaktionen in Bezug auf den anderen bewusst zu werden. Die folgende Selbstanalyse verschafft Ihnen Klarheit und gibt Ihnen wertvolle Hinweise und Informationen über sich selbst.

Bleiben Sie in Ihrer Haltung möglichst freundlich und neutral, wenn Sie mithilfe der nachstehenden Fragen über sich selbst nachdenken und schalten Sie Ihren »inneren Beobachter« ein. Vergeben Sie Werte von 1 bis 10. 10 bedeutet »Bringt mich völlig aus der Fassung«, 1 bedeutet »Hat überhaupt keinen Einfluss auf mich«.

Selbstanalyse: Was bringt Sie aus der Fassung?

	Wert von 1 bis 10
Aggressivität	
Unzuverlässigkeit	
Unehrlichkeit	
Ungerechtigkeit	
Faulheit	
Neid/Missgunst	
Ignoranz	
Ungerechtigkeit	
Rechthaberei	
Selbstsucht	

Selbstanalyse: Was bringt Sie aus der Fassung?	
Machtmissbrauch	
Respektlosigkeit	
Grenzüberschreitungen	

Auswertung:

Bei welchen Merkmalen haben Sie die höchste Punktzahl?

1.

2.

3.

Mit welchen Menschen bzw. welchen Situationen verknüpfen Sie diese Merkmale?

1.

2.

3.

Erinnern Sie sich noch an Ihre körperlichen Reaktionen in diesen Situationen?

1.

2.

3.

An welche früheren Erfahrungen z. B. aus Ihrer Kindheit erinnert Sie dieser Mensch bzw. die Situation?

1.

2.

3.

Was vermuten Sie: Warum lassen die oben genannten Merkmale Sie so sehr die Fassung verlieren? Was sind Ihre wunden Punkte?

1.

2.

3.

BEISPIELE FÜR KÖRPERLICHE REAKTIONEN

Kopfweh, Rückenschmerzen, ein unangenehmes Gefühl im Bauch, Ungeduld, Aufregung, Schwitzen, Unruhe, Müdigkeit, Herzklopfen, Magengrummeln, Verspannung

Lesen Sie Ihre Notizen anschließend aufmerksam durch. Was fällt Ihnen auf? Was überrascht Sie? Worüber denken Sie nach? Was freut Sie? Erkennen Sie Zusammenhänge?

Ihre typischen Reaktionsmuster

Bereits ein diffuses Unbehagen kann ein Zeichen für einen inneren Konflikt sein. Vielleicht sind Sie unkonzentriert, ungeduldig oder gereizt. Vielleicht beobachten Sie bei sich selbst aber auch, dass Sie bestimmte Aufgaben immer wieder verschieben oder dass Ihnen die Motivation fehlt, sich damit zu beschäftigen. Nehmen Sie all diese Beobachtungen wahr und nehmen Sie diese vor allem auch ernst. Es kann Ihnen nämlich helfen, Sie auf bestimmte Themen aufmerksam zu machen und Zusammenhänge zu erkennen. Auch wenn Sie genervt, verärgert, wütend oder sprachlos oder auch ganz anders reagieren: Kommen Sie nicht ins Grübeln und verharren Sie nicht in der Situation. Sie können das Geschehene nicht rückgängig machen. Sie können das Erlebnis jedoch als Möglichkeit zum Lernen verstehen. Schwierige Situationen eignen sich ganz besonders dafür, viel über sich und andere Sichtweisen lernen.

Die gute Nachricht: Sie haben die Wahl

Je mehr Klarheit Sie darüber gewinnen, warum Sie Menschen als schwierig empfinden, desto besser können Sie entscheiden, wie Sie künftig reagieren möchten. Es gibt hier viele Varianten (siehe Kapitel »Handeln: Konflikte vermeiden und lösen«). Vermutlich haben Sie verschiedene Ideen, die es in Zukunft erst einmal auszuprobieren gilt, um zu wissen, was funktioniert und was nicht. Gelegenheiten dazu gibt es im Alltag genügend. Jedes Mal können Sie wieder etwas Neues dazulernen. So erweitern Sie Schritt für Schritt Ihren Entscheidungs- und Handlungsspielraum.

Meine persönliche Strategie im Umgang mit Herrn/Frau ...
Welche Möglichkeiten habe ich, zukünftig mit dieser Person umzugehen?
Für welches Vorgehen kann/will/muss ich mich entscheiden?
Was kann/will/muss ich dabei lernen?
Was bzw. wer kann/ will/muss mich dabei unterstützen?
Was sind erste konkrete Schritte zur Umsetzung?

Ohne geht es nicht: Geduld und Durchhaltevermögen

Es ist ein langer, manchmal sehr mühsamer Prozess, Verhaltensmuster aufzulösen, die wir seit Kindheitstagen eingeübt haben. So kostet es uns viel Energie, Stärke und Geduld, auf Menschen, die wir unsympathisch finden, nicht automatisiert mit Ablehnung zu reagieren, sondern die Perspektive zu wechseln und ihre Position und Art zu verstehen. Auf dem Weg dahin müssen wir Rückschläge und Niederlagen verkraften.

Aber es lohnt sich, dafür zu arbeiten: Wir entwickeln Schritt für Schritt ein Gefühl der inneren Gelassenheit und schlittern nicht mehr so oft in nervenaufreibende Konflikte mit anderen.

Um auf dem Weg dorthin durchzuhalten, hier noch einige Tipps:

- Freuen Sie sich über jeden noch so kleinen Erfolg, jede einzelne Situation, in denen es Ihnen gelingt, souverän zu bleiben. Lassen Sie sich nicht von Misserfolgen und Rückschlägen entmutigen. Sehen Sie sie als Chancen etwas zu lernen, über andere, über sich.
- Nehmen Sie Angriffe anderer nicht als Anlass, an sich selbst zu zweifeln.
- Lassen Sie den anderen ihre Eigenheiten. Sie können sie nicht ändern. Sie erinnern sich: Konflikte entstehen ohnehin eher durch bestimmte Konstellationen als durch bestimmte Charaktere.
- Probieren Sie immer mal wieder einen neuen Weg im Umgang mit anderen. So bleiben Sie ein wenig unberechenbar – und in Übung.
- Machen Sie sich bewusst: Auch Sie selbst können als schwierig empfunden werden. Wir alle sind an manchen Tagen schlecht gelaunt und greifen andere ungerechtfertigter Weise an. Zu einem gewissen Grad ist das einfach menschlich.

Nehmen Sie die Menschen wie sie sind,
andere gibt es nicht.
(Konrad Adenauer)

Auf einen Blick: Kluges Selbstmanagement

- Unsere Haltung, mit der wir in ein schwieriges Gespräch gehen, wirkt wie ein Kompass: Sie lässt uns das, was wir uns vorgenommen haben, auch in komplizierten Situationen nicht aus den Augen verlieren.
- Respekt für andere und auch für sich selbst zu haben, ist eine wichtige Grundeinstellung, mit der Sie souveräner in Problemgespräche gehen können.
- Der Umgang mit schwierigen Zeitgenossen ist eine Herausforderung – an der wir jedoch wachsen können. Das braucht zwar viel Geduld und Durchhaltevermögen, aber es lohnt sich.

Stichwortverzeichnis

Impressum

Bibliografische Information der Deutschen Nationalbibliothek
Die Deutsche Nationalbibliothek verzeichnet diese Publikation in der Deutschen Nationalbibliografie; detaillierte bibliografische Daten sind im Internet über http://www.dnb.dnb.de abrufbar.

Print: ISBN: 978-3-648-13860-1 Bestell-Nr.: 10730-0002
ePub: ISBN: 978-3-648-13861-8 Bestell-Nr.: 10730-0101
ePDF: ISBN: 978-3-648-13862-5 Bestell-Nr.: 10730-0151

Andrea Lienhart, Theresia Volk
Souveräner Umgang mit schwierigen Zeitgenossen
2. Auflage 2020

Redaktionsanschrift: Fraunhoferstraße 5, 82152 Planegg/München
Internet: www.haufe.de
E-Mail: online@haufe.de
Redaktion: Jürgen Fischer
Konzeption, Realisation und Lektorat: Nicole Jähnichen, www.textundwerk.de

Bildnachweis (Cover): © tavor/iStock by Getty Images;
Bildbearbeitung: Simone Kienle

Die Autorinnen

Andrea Lienhart

arbeitet seit 1995 erfolgreich als Managementtrainerin und Coach in Deutschland, Österreich und der Schweiz für namhafte Unternehmen, Konzerne, Wirtschaftsverbände, Existenzgründer und Einzelpersönlichkeiten. Mit ihrer Traineragentur vermittelt sie weltweit Trainer/-innen und bietet Train-the-Trainer-Ausbildungen sowie maßgeschneidertes Coaching für Trainerkolleginnen und -kollegen an. Sie hält Vorträge auf Kongressen und Veranstaltungen und ist Mitglied der German Speakers Association (GSA), der Vereinigung Deutscher Spitzentrainer.

Theresia Volk

begleitet als persönliche Beraterin, Workshop-Leiterin und konzeptionelle Ideengeberin Persönlichkeiten und Unternehmen bei ihren Entscheidungs- und Entwicklungsprozessen. Mehr als die Hälfte der Dax-Unternehmen gehören zu ihrem Kundenkreis ebenso wie innovative Mittelständler in Deutschland, Österreich und der Schweiz. Als Autorin und Rednerin setzt sie nachhaltige Impulse bei aktuellen Zukunftsfragen für Unternehmen und Gesellschaft. Theresia Volk kennt die Innenansichten von Unternehmen aus eigener langjähriger Führungserfahrung.